凉山彝族民居

成斌 著

U0283963

中国建材工业出版社

图书在版编目(CIP)数据

凉山彝族民居/成斌著. --北京：中国建材工业
出版社，2017.4

ISBN 978-7-5160-1821-7

Ⅰ.①凉… Ⅱ.①成… Ⅲ.①彝族－民居－建筑
艺术－凉山彝族自治州 Ⅳ.①TU241.5

中国版本图书馆CIP数据核字(2017)第069266号

内容简介

本书记载和反映了四川省凉山彝族自治州彝族传统民居建筑的生成背景、发展历程、聚落选址与布局、建筑类型与单体建筑特点等内容，其民族特色鲜明，具有很高的地域建筑技术价值和一定的建筑艺术价值。

本书通过民居测绘，对其主要民居形式的平面功能关系、建筑结构体系、建筑空间特点、建筑装饰以及建筑构造进行了调查和整理，首次系统地展示了凉山彝族民居的类型与空间分布特点、平面与空间形态、构造与营建技术、装饰与彩绘等建筑艺术。

本书适合民居文化研究者、旅游规划者及旅游爱好者阅读。

凉山彝族民居

成 斌 著

出版发行：中国建材工业出版社
地 址：北京市海淀区三里河路1号
邮 编：100044
经 销：全国各地新华书店
印 刷：北京中科印刷有限公司
开 本：710mm×1000mm 1/16
印 张：14.5
字 数：210千字
版 次：2017年4月第1版
印 次：2017年4月第1次
定 价：68.80元

本社网址：www.jccbs.com　　微信公众号：zgjcgycbs
本书如出现印装质量问题，由我社市场营销部负责调换。联系电话：（010）88386906

序　言

距离第一次深入大凉山进行彝族民居调研已有十余年，期间虽先后三次深入美姑、布拖、昭觉、越西等彝族聚居区进行民居测绘和采风，但由于投身于学院学科专业建设和灾后重建工程项目设计，拖后了对她的关注。今年恰逢有机会到澳大利亚格里菲斯大学做访问学者，有时间和精力来整理这些测绘和调研成果，系统地总结凉山彝族民居，是一大幸事。从历史进程上来看，近年来，农村城镇化的浪潮再次席卷凉山彝族地区。无论从保护和延续彝族建筑文化的角度，还是从当代民居对现代生产力科学适应的绿色更新设计角度，我们都应该了解凉山彝族传统民居，因此研究凉山彝族民居，有必要弄清楚凉山彝族民居在四川省乃至中国传统民居中的定位，弄清楚凉山彝族民居的研究价值。这项研究绝不仅是对某一独立隔离的地理区域中历史遗存的简单总结、描述，而是要将其放到更大的地理范围、更深的历史渊源和更多的文化意义上进行研究。

凉山彝族民居是什么样的，大概很多人是陌生的，即使在四川。诚然，凉山彝族民居建筑并不是那么精美，年代亦不甚久远，亦不属于显赫的门派。乡土建筑文化研究所立足的从来不是宫殿、衙门，从不看重金碧辉煌，看重的是生长在最普通的土壤中散发泥土气息的真实存在。凉山彝族民居可以说不甚精美，而从人类学的角度看，任何真实完整的文化现象和文明遗存的价值都是十分珍贵而不可代替的。因此，凉山彝族民居的价值和意义以及研究的重点不在或不只在单体与个案上，而是在于整个区域的历史建筑和文化的独特性、完整性、真实性和延续性上，乃至它对更大区域范围包括全省的明清乡土建筑文化研究的深刻意义。

其实，四川民居有几个基本的亮点，川南有干栏式民居建筑——吊脚楼，川中和成都平原有穿斗式民居，川北有藏羌石砌建筑——碉楼民居，川西高原则主要是彝族民居。彝族聚居区在整个中国藏彝民族走廊中的地位和作用

十分显赫，其民居具有民族融合和多民族混合的特点。因此，它不是那么独门独派，但是又具有强烈的地域特征和民族风貌，其主要建筑类型包括瓦板房、闪片房、木楞房、青瓦房等。

在新的历史时期，尽管因为经济相对落后和地理位置相对偏僻，民风亦比较古朴，凉山彝族民居可能有部分保存下来，但毕竟摆脱不了被逐渐破坏和改变的命运，多数人甚至不懂得它们的价值所在，而在理解和认同它们的价值之前很快抛弃它们。中国古代的建筑与营造历来重视"天人合一"，有"不欲与天地相抗衡，不着意于原物长存"的观念。在急速的经济发展和社会变革中，许多重要的历史文化名城、民族村落，在人们认识到其重要价值之前，已经彻底被破坏或改变。而散落在偏远乡村的不少乡土建筑却因更新速度相对比较慢得以保留和延续，但今天仍然因为它们不集中或者不够典型而无力或无法正确保护。前者是由于缺乏保护意识，后者则是因为工作难度太大。我们预感这里将出现文化链条的断裂和文化基因的缺失。因此我们可以做的，是将这些无数前人的创造和记录展现出来，力求真实和准确，担负起历史的责任，为今天的或将来的人们找回乡土社会的有机与和谐的内核，并以这种精神鼓舞和引导新的发展，这便是本书的归结之所在。

这本书主要介绍了彝族传统民居建筑的生成背景、发展历程、聚落选址与布局、建筑类型与单体建筑特点，彝族民居构造与营造技术、装饰艺术与建筑文化特色等内容。首次系统地展示凉山彝族民居的类型与空间分布特点、平面与空间形态、构造与营建技术、装饰与彩绘等建筑艺术。希望通过此书为彝族民居的现代更新和凉山彝族地区新农村建设找到出路。

本书得到西南科技大学和四川省教育厅人文社会科学重点研究基地西昌学院彝族文化研究中心的共同资助，研究生程丽蓉、宋商楠做了大量图片处理工作，特此感谢！

成 斌

2017 年 2 月 10 日

于澳大利亚布里斯班

目　　录

I

第1章

凉山彝族民居的生成背景及建筑文化

 ### 1.1 凉山彝族概况

1.1.1 凉山彝族的源流

彝族古称"夷"。"夷"古音读"聂",与古彝语自称吻合。今彝族自称聂、聂苏、诺苏、能、能叟、纳苏等,20世纪中叶仍用"夷族"。1956年,毛泽东主席在北京与彝族干部商议,将"夷"字改为"彝",房子(彑)底下有"米"有"丝",有吃有穿,象征兴旺发达。从此"夷"改"彝"。

彝族是我国为数不多的有自己民族语言的少数民族之一。彝族人们用彝语自称"诺苏"。"诺"彝文中是"黑"的意思,"苏"是"人""族"的意思,由此,"诺苏"的字面意思就是"黑人""黑族"。在彝族发展历史上,由于历史和地域环境的因素,彝族支系繁多,但彝族人民有自己共同的语言。彝语属汉藏语系藏缅语族彝语支,分东部、南部、西部、北部、中部、东南部六个方言区,而从几个方言区彝族人的自称上可看出,北部方言的凉山话自称为"诺苏"或"诺";东部方言的贵州地区为"纳苏"或"糯";东南部方言的路南话自称"尼";中部方言牟定话为"尼泼";南部方言的双柏话为"尼苏"。

可以看出，几个方言区内的彝族自称发音只是可以看做由于方言土语音差而略有差别，更主要的是，"诺尼""纳""糯"在彝文里都是同一个字，字意为黑之意，这也符合彝族尚黑的传统。

此外，"诺苏"作古彝语书写，可见象形为一个背弓箭的人（图1-1、图1-2），十分符合彝族自古以来尚武的传统。

图1-1 彝族彝文自称单字，音"no"

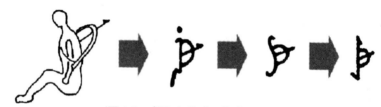

图1-2 彝族自称"no"彝文演变

根据境内彝族群众的传述，约在三世纪时，古侯、曲涅两支彝族先民，便从今云南省的昭通地区迁入凉山。故彝族人死后念"指路送魂经"时，就要把死者的灵魂送往祖先居住的地方——兹兹蒲武。按其路途推测，兹兹蒲武就在云南省昭通地区。以后，这两支彝族先民子孙繁衍，人丁兴旺，人口覆盖大部分凉山，成为凉山彝族的主要来源。

唐朝咸通年间，南诏地方政权统治凉山，从云南移民凉山以巩固其统治。《元史·地理志》载："蒙诏立城曰建昌府，以乌、白二蛮实之。"在此时期，凉山彝族人口有了新的增加，并逐渐成为凉山人口最多的少数民族。《新唐书·南蛮传》载："勿邓地方千里，有邛部六姓，一姓白蛮也，五姓乌蛮也。"大理地方政权统治凉山时，彝族继续从云南迁入。

明朝洪武二十五年（1329年），平定建昌月鲁帖木儿叛乱，兰玉所率平判大军中，有贵州彝族。叛乱平定后，有人留居凉山。崇祯年间，镇压贵州水西土司安邦彦永宁土司奢崇明叛乱时，当地一批彝族群众逃入凉山。

清朝雍正年间，清王朝在滇东北改土归流，遭到土司反抗，清政府出兵镇压，当地部分彝民越江逃入凉山。云贵总督鄂尔泰奏称："东川一路乌傈万数，半已过江，江外则勾连凉山。"凉山彝族人口再次有较多的增加。

1.1.2 凉山彝族的定义

凉山彝族自治州，地处四川省西南部（图1-3），是全国最大的彝族聚居地。彝族分布分散，各地历史、地理条件都不同。滇黔彝族历史上在中央封建集团的统治下，与汉族等民族的融通，于唐中叶建立彝族历史上第一个奴隶制政权南诏国。此后，中原历朝历代在滇黔地区都加强中央集权的管理，由此，滇黔彝族无论在社会制度还是民族的文化传承上与汉文化有所融合。历史上司马迁、诸葛亮、忽必烈、马可·波罗等都曾在凉山游历、活动。凉山州是彝族诺苏人文化的故乡，州内的昭觉、布拖、美姑、普格、金阳、喜德、普雄（后并入越西县）、雷波、越西被称为彝族老九县。

图1-3 凉山彝族自治州地理区位

川、滇东北的大小凉山地区是中国最大的彝族聚居地。彝族人口约为223万，其中四川凉山彝族自治州彝族人口数量约180万，占全州人口的43%。凉山彝族主要分布于凉山中部偏东、北，甘洛、越西、喜德—昭觉、美姑—雷波、金阳、布拖、普格一线县区，这一区域凉山彝族的人口都占区域总人口数的90%以上，保留了较完整的凉山彝族文化（图1-4）。中部为汉族与彝族较多杂居的地区，如西昌及其南北地区；凉山西部主要是木里县等藏族分布地区（图1-5）。

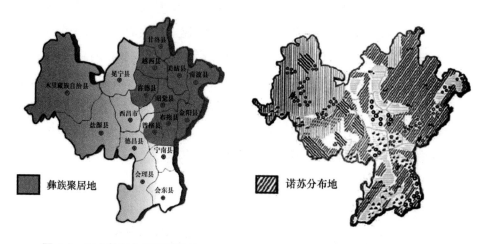

图1-4　凉山彝族人口聚居区域　　　　**图1-5　凉山彝族人口散居分布**

尽管在民族的基本属性上相一致，但是由于凉山彝族生活在比较封闭的边远山区，交通不便，历史上中央社会的力量无法完全触及，就是滇黔彝族对其社会的影响也相对较少，因此直至新中国建立还长期保存着奴隶占有制的社会制度。但封闭的生活环境和原始的社会制度却相对地保留了较完整的、彝族社会历史沉淀下来的各种民族习俗和文化。尤其是相对于滇黔两地彝族，凉山彝族人民保留下的古老而原始的民族文化，对于反映彝族先民的古老文明，对于折射出彝族文化源头的华夏祖先——古氐羌人的文化痕迹，对于逐渐缺失的我国民族文化遗产的保护方面，无疑提供了一块得天独厚的热土。与此对应，凉山彝族建筑可以较完整反映彝族传承下来的建筑风貌和建筑哲学，成为对彝族建筑文化分析研究的良好对象。

川滇的大小凉山地区位于我国的西南高原，群山峻岭、地势险要，金沙江、雅砻江、大渡河将凉山地区和其他地区以水隔断；河流穿过的高山峡谷成为凉山彝族和其他地区的界线，界线两边的原住民极少来往。新中国成立前，邛都（今西昌）与云南、蜀中地带只有一条联系外界的通道，即"蜀—身毒道"，是古代中国对印度（身毒）交通线之一，也被称为西南丝绸之路，起点为四川成都，经"灵关道""朱提道""夜郎道"三路，进入云南，在楚雄汇合，并入"博南古道"，跨过澜沧江，再经"永昌道""腾冲道"，在德宏进入缅甸、印度（图1-6）。而这条丝绸之路对于凉山的腹心地区如美姑、越西、甘洛等地没有多少影响，因此，这种区位地理在非机械化的社会里必然带来地区的相对独立性。这样，凉山彝族集团所处地区地理条件的特点使凉山彝族与外界交流产生断面，得到了客观环境上的民族稳定性，易于稳定地延续其古老的民族传统。

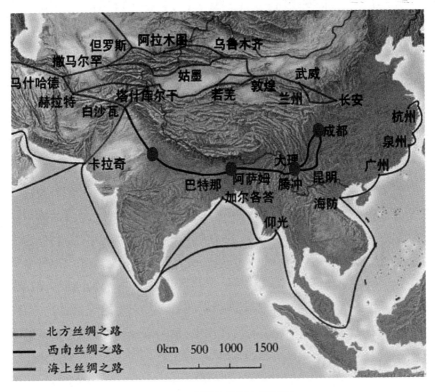

图1-6 古西南丝绸之路图示

 ## 1.2 凉山彝族文化概述

1.2.1 凉山彝族的阶级制度

新中国成立前，凉山彝族社会成员可划分为奴隶、半奴隶、劳动者、奴隶主四种成分（表1-1）。

表1-1 彝族黑彝、曲诺、阿加和呷西构成的社会等级阶梯图

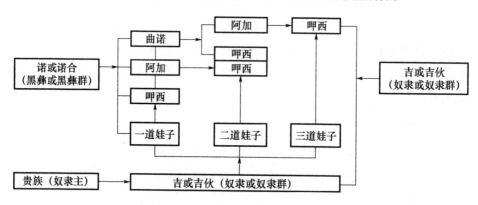

奴隶彝称"呷西"，意为"火塘边的手足"，汉称"锅庄娃子"。呷西占凉山彝族总人口的10%左右。半奴隶彝称"阿加"，意为"主子寨旁的守护者及其门外差役"，汉称"安家娃子"。阿加在凉山彝族的总人口中占33%左右。劳动者彝称"曲诺"。劳动者的人口占凉山彝族总人口的10%左右。奴隶主占凉山彝族总人口的5%左右。

在奴隶主中有少数人居于统治地位，他们被封建王朝册封为"土司"，彝族将这种人称之为"兹莫"。兹莫不仅占有奴隶，而且拥有统治特权。但兹莫人口很少，只占总人口的0.1%。兹莫内部随历史的发展又分化出三个等级层，即"宁""莫""毕"。"宁"指掌权者，"莫"指掌握兵权者，"毕"指从事宗教或文职工作的人。兹莫自视血统高贵、纯洁，是天生的统治者，占有大量生产资料，极其鄙视劳动，严格实行等级内婚，后因诺合势力的兴起而逐渐衰落。

1.2.2 凉山彝族的家支制度

"家支"彝语称"此伟"，是"家"和"支"的总称。家支即家庭支系，

是以父系血缘为纽带而自然形成的,由一个家族的几代、十几代组成(图1-7)。在家支内部又由血缘的亲疏而分为若干小支(或称房)。房以下就是一夫一妻制的家庭。家支成员之间关系平等,不存在统治与被统治的关系。每个家支都有自己的自然领袖,叫"头人"。头人中能言善辩,善于调解纠纷的称"德古"或"苏依"。德古是善于辞令的意思。苏依是为大家办事的长者。德古、苏依都不是通过任命或选举产生,而是由于自己见识广、熟悉习惯法、善于为他人排难解忧、公正无私、积极维护家支利益等品质,取得家支成员的信任而自然形成,没有薪俸报酬。家支头人平时给人排解纠纷,维护家支利益,一旦遇有家支大事时,便主持召开家支会议,彝语称"此威家格",由家支成员讨论,最后作出决定。家支实际上是彝族社会组成的基本单位。由众多大大小小的家支构成了凉山彝族社会。

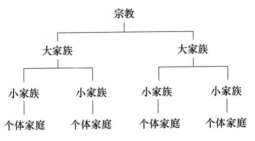

图1-7 凉山彝族家庭关系图示

在国家不能有效管理凉山彝族的情况下,家支对彝民的生命财产安全起着保护作用。任何一个彝民只有依靠家支的力量,才能维护自己的生存。在习惯法中,开除家支是仅次于处死的重刑。故彝谚说"少不得的是牛羊,缺不得的是粮食,离不开的是家支。"基于这一关系,彝民一旦遭遇困难,便向家支求助。家支各成员就要根据需要和自己的力量尽可能提供支援,哪怕是冤家械斗,危及生命安全,也要挺身而出。家支内有自然形成的习惯法,以约束家支成员的行为,维护家支团结。

由于凉山彝族中存在着"黑彝""白彝"的划分,因此有黑彝、白彝两种不同的家支,其作用也有所区别。黑彝家支要维护自己血统的纯洁,要维护黑彝的高级地位,严防白彝的反抗。因此,黑彝家支具有黑彝奴隶主镇压奴隶的专政作用。另外,每当政府军进剿时,黑彝家支要起到支撑、动员、组

织抵抗的作用。白彝家支则要支持、保护本家支成员。当家支成员受到黑彝不符合习惯法的损害时，白彝家支可采取非暴力或暴力手段迫使黑彝让步。在习惯法范围内的行为，则白彝家支又称为黑彝家支的统治工具，执行黑彝家支的命令，如替黑彝摊牌财物、替黑彝打冤家等，故彝谚说："白彝的德古，黑彝的木可（管事）"。

1.2.3 凉山彝族的宗教文化

1. 火塘文化

彝族的五行说源于火塘"土"，火塘上烧木，木上生火，火上烧铜锅，锅上烧水，五种元素相生相克于火塘中。

在历史长河中，彝族人对火的发明、火的运用、火的崇拜，形成了一种独特的火文化。火塘是彝族火文化的集中体现，他们对火的崇拜，多是围绕着火塘展开的。祖祖辈辈崇火、尚火，认为火是生命的开始也是生命的终结。大量民俗资料也表明，早期人类居所的中间部位都是火塘，人们在火塘边煮饭、议事、取暖、睡觉，形成环火而居的习俗。彝族谚语说："生于火塘边，死于火堆上。"他们对火有特殊的认识和感情，于是有了敬火、护火的各种民俗。

火塘伴随着人们从远古走来，经历了漫长的历史，由简单的火堆发展为多样的火塘，由单纯的烹煮取暖照明发展为闪烁着宗教信仰色彩和饱含社会文化内容的领域（图1-8）。"火被引进人类家居火塘，浓缩进一个小小的空间，几缕火苗，几缕青烟，伴以几块石头，或一个铁三脚，看上去平平常常，远远没有它燃烧于莽原高山时的壮观。但它从此却与人朝夕相处，患难与共，与人的社会、文化融为一体.在火与人之关系发展的历程中，进入了一个更为奇幻瑰丽，内涵丰富，充溢着人文气息，闪烁着灵性之光的阶段。"彝民对火塘的感情不再仅仅是出于对它给予人们饱暖等物质性恩惠的感激，而是日益浓厚地渗进了各种神秘复杂的信仰思想。在他们眼中，火塘已不再仅仅是那几缕飘动的火焰，几块沉默的锅庄石，而是一个浓缩了的神灵世界。从生下来在火塘边进行的命名仪式，到死时举行的火葬，每个彝人的一生都与火结下不解之缘。在彝族支系阿细人史诗《阿细的先基》中说："地要造得簸箕样，天要造得簸帽圆，簸帽簸箕才合得拢，簸帽簸箕合成天和地。"因此火塘自然形成了氏族家支的核心支柱，它代表着家庭生活空间的秩序，并且强烈地表现出"同"的彝族的原始建筑哲学的中心思想。

(a)

(b)

(c)

(d)

图1-8 凉山彝族的火塘文化

2. 信仰崇拜文化

彝族的信仰产生于原始社会时期，主要以自然崇拜、祖先崇拜、图腾崇拜、鬼神崇拜为主。围绕这些信仰，形成许多迷信活动，如祭礼、送鬼、招魂、祈福、占卜等以及许多禁忌。

① 自然崇拜表现为对天、地、山、石、日、月、星、水、火等自然物的崇拜。彝民认为这些自然物都有精灵存在，它可以造福于人，也可以给人以祸害，为了祈福避灾，人民必须时时顶礼膜拜，因而形成了自然崇拜。崇拜的方式主要是祭祀，即祭山、祭水、祭大树、祭大石等（图1-9），还有非物质文化遗产——中国十大民俗节日之一的火把节（图1-10）。

图1-9　凉山彝人祭神山

(a)

(b)

图1-10　凉山彝族火把节盛况

② 祖先崇拜是凉山彝族信仰中最为重要的部分，可以说是信仰的核心。在凉山彝族看来，祖先不仅在世时给后代人以生命、财产，而且死后还继续不断地关系后人的吉凶祸福，因此应该无限感谢祖先，敬仰崇拜他们。祖先崇拜主要表现在安灵、送灵这两大仪式上。安灵，彝语叫"马都果"。其意义就是给祖先做灵位。送灵彝语称"宁目"。经过安灵仪式之后，要把祖灵送往祖先聚居的地方，而不能久久留于子孙家内，因此要送灵。

祖灵灵位是凉山彝族祖灵信仰所形成的神圣空间。在凉山的祖灵信仰中，先祖灵魂经安灵仪式成为家灵，家灵附于灵牌之上，彝语称"玛笃"（图1-11）。玛笃须放置在室内数年，受供奉以保佑家人，因此住居室内须有专门场所供奉玛笃。

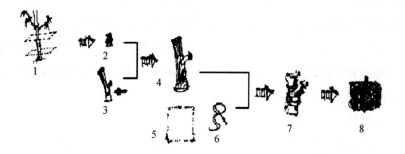

1-截取灵竹带节竹根；2-带节竹根为祖灵；3-楠木划口；4-竹根嵌入楠木；
5-白毛羊皮；6-麻绳；7-捆扎一起（男九匝女七匝）；8-放入竹篾编笼成为灵牌

图1-11 凉山彝族家灵灵牌——"玛笃"制作过程

玛笃供奉处是家庭成员每逢年节、婚丧喜庆、疾病灾患祭告祖人、祈福免灾的地方。在安灵祭后，家灵灵位插于竹篾上，在生土木构架民居中供于火塘右（或左）上方的墙壁上；也有将玛笃挂于火塘上方屋顶的檩条下。在木构瓦板房住居中，玛笃放在哈库的后墙墙壁神龛中或挂在后墙上屋面檩条下，玛笃下方设供桌以便随时搁祭品之用。而经过除秽仪式后得以升级，灵位供于原位置的上方（图1-12）。《宣威卅志》记载："以竹叶草根，用必磨（毕摩），因裹以锦缠以彩绒，置竹筒中，插篾篮内，供于屋深暗处；三年附于祖。"《皇清职贡图》记载："既焚，鸣金执旌，招其魂，以竹签裹絮少许，置小篾笼，悬生者床间。"

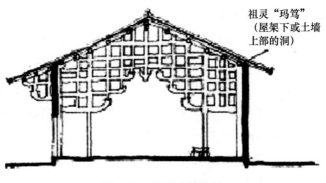

祖灵"玛笃"
（屋架下或土墙
上部的洞）

图 1-12　玛笃悬挂位置

③ 凉山彝族尚存在着图腾崇拜。彝族的图腾崇拜则与别的国家或国内一些民族的图腾崇拜有所区别。所不同的是，彝族图腾崇拜分为：古代图腾崇拜和近代图腾崇拜。在近代图腾崇拜中又分为，整个地区内众多群体共有的图腾崇拜和一家支、一氏族以及一家一户的图腾崇拜，即带有一定地域的普遍性的特点和个体的单一性的特点，并且呈现出多元性和多层次的现象。古代彝族的图腾崇拜，不仅彝文经典中有大量的史料记载，在其社会生活中也有不少图腾崇拜的遗迹。

彝族以竹作为自己民族共有的图腾（图 1-13），除了与他们居住的地理环境分不开外，其主要原因就是崇拜竹图腾的氏族人口繁衍、辖区扩展（以竹为图腾崇拜的众多彝族亚氏族都是竹始祖的后裔）之故。竹图腾是众多彝族共有的图腾崇拜，只是各地崇拜的形式和特点有别。它们中有的直接以竹子本身作对象加以崇拜，并由此产生一系列的仪式和禁忌；而有的则作为图腾崇拜的遗迹保留在社会生活中；还有的则发展为祖先崇拜，并在祖先崇拜中保留了下来。

彝族还崇拜虎，从神话到传说，从敬畏到信仰，从崇拜到图腾（图 1-14），到名胜古迹、天文历法、到精神生活和意识形态，形成了独具特色而繁杂纷呈的虎文化，并且有的支系自称是虎的民族。20 世纪 80 年代初，著名彝族学者刘尧汉先生等人到四川凉山彝族自治州调查，德昌县欣东拉打村的两个彝族老人甲巴比古、甲巴里尼说："我们阿姆金古家（氏族），从古以来都认为是老虎的后代。"

图 1-13　凉山彝族竹图腾　　　　　图 1-14　凉山彝族虎图腾

　　彝区除存有彝族共有的竹图腾崇拜风俗外，还存有非彝族普遍崇拜的蛇图腾、鹰图腾、龙图腾等（图 1-15），不过它们只在日常生活和宗教仪式中表现出某些遗迹而已。

图 1-15　凉山彝族漆器绘有各种图腾

1.3　凉山彝族建筑活动概述

1.3.1　凉山彝族建筑活动特征

　　一个民族的文化特点必定反映到其生活和生产的各项活动中去，建筑活动也属于其中。

　　凉山州地貌复杂多样，地势西北高，东南低，海拔最高为 5958m 的木里恰朗多吉峰，最低为 305m 的雷波大岩洞金沙江谷底（图 1-16）；年均气温 14 ~ 17℃，立体气候特征明显；属于亚热带季风气候区，干湿分

明，冬半年日照充足，少雨干暖，夏半年云雨较多，气候凉爽，年均降雨量1000～1100mm；日照充沛，年均日照时数2000～2400h，无霜期达230～306天。

(a) 最高的木里恰朗多吉峰　　　　　　(b) 最低的雷波县金沙江

图 1-16　凉山彝族自治州地貌

而彝族主要聚居区处于海拔约1000～4000m之间，山体陡峭，因此建设村落时要顺应山势；又因为与外界交通不便，生活条件艰苦，生产资料短缺，文化发展缓慢。凉山彝族长期生存于条件相对恶劣的高山环境中，生产力的低下使其改造自然的能力受到约束，他们采取了尊敬自然、适应自然的态度处理生活中的各种活动。凉山彝族建筑活动从其村寨规划到其建筑单体构造设计都体现了强烈的自然性。干燥的气候，原始的植被，促成了凉山彝族的建筑主要是木质结构或生土木结构（图1-17、图1-18）。

图 1-17　凉山彝族的木质结构民居

图 1-18 凉山彝族的生土木结构民居

历史发展过程中，彝族人民为了生存，争抢地盘，争抢生产资料，时常发生家支械斗，因此每个村落的每户人家的选址都有一定的规律，各自独立又相互呼应，尽力促成整个村落完整的防守态势。处于村口的人家会设碉楼，以便观察情况，同时为了方便，碉楼和正房靠近，组成院落，互补互成；正房不开窗或开一些高窗，以便防守和反击（图 1-19、图 1-20）。

图 1-19 凉山彝族民居院落及碉楼

图 1-20 凉山彝族民居正房不开窗或开高窗

在建筑活动中同样体现了人与自然共生这一思想。如历史上住居正房内牲畜与人共室生活现象。又如，凉山彝族建房林中砍树，房边种树的传统，打瓦板过程中对所伐树林的尊重和再保护都是生动的例子。

建筑活动所用的材料多用天然材料生土、木材、石材等，住居内部构件不用颜色也反映凉山彝族审美观以天然为美、素然为美的倾向。形式上凉山彝族房屋建筑朴素自然，即使是贵族家庭建筑也要顺应自然条件。

1.3.2 凉山彝族建筑空间活动

建筑活动的实质是对空间的把握和认知，对空间的把握和认知源自最初对自然空间的印象。凉山彝族对外部空间模式为"上宜牧，中宜居，下宜农"的竖向空间认知。他们对居室内部空间模式同样为"上为神灵空间，中为自然资料空间，下为生活空间"的竖向空间认知（图 1-21）。实际上这种多以竖向空间为空间认知主体的现象都来源于其最初对所面临的最直观的自然物——山体的认知。山体自下而上的空间效果，攀援山体由下而上不断增加困难的印象，使得凉山彝族对竖向空间产生了最原始的认识。在进一步适应这种空间的生产劳作过程中，产生竖向空间上的精神认识，如《勒俄特依》中，"上为神，中为自然，下为人"的竖向空间等级，产生了居室内部空间层次，村寨选址还参照了实际情况，最终形成"三宜"的竖向空间模式。

凉山彝族房屋是以原木为料，建构方法为木构架体系结构。而在彝族诗歌《薛城杂咏》中传说房屋怎样开始搭建的句子："造天怎么造？造地怎么造？……哥在空中飘，看见一蜘蛛，蜘蛛会结网，造天学蜘蛛。妹在空中飘，看见藤子树，造地学藤子。哥哥学蜘蛛，结网把天造，妹妹学藤树，发芽把地造。"十分形象地说明后世房屋的架构系统是由蜘蛛结网，藤子等交错状结构得到了灵感。

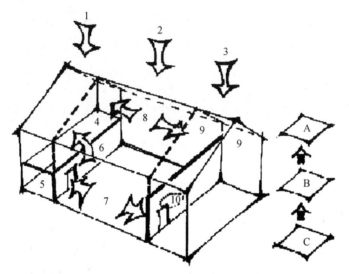

1-呷泼；2-堂间；3-哈库；4-呷泼二层；5-呷泼一层；
6-呷泼与堂间半隔离墙；7-入户门；8-上部贯通空间；
9-玛笃悬挂处；10-火塘锅庄
A-神灵空间；B-自然资料空间；C-人物空间

图1-21 凉山彝族民居内部竖向空间划分示意图

凉山彝族建筑以自然物为参照形成建筑技术，并加以发展形成了复杂的技术系统。建筑技术中复杂的搞架结构，从形式看上是一种树形结构（图1-22），树木主干到分枝的形象给予了这种树形结构的灵感。

凉山彝族的建筑活动充满了有机的自然主义色彩和精神，赋予生命的建筑体充满内在的自然张力。

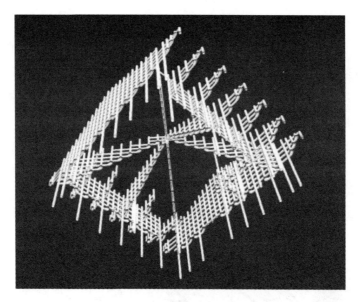

图1-22　凉山彝族独特的捅架结构

1.3.3　凉山彝族建筑活动的主要载体

　　建筑实体最初由于自然条件所限定，当社会与民族精神发展到一定阶段，社会制度与民族信仰成为决定建筑类型与形式的重要原因。凉山彝族建筑文化现象中最大特点是建筑类型比较单一，居住建筑成为其建筑文化主要的表现形式。

　　凉山彝族的生活中没有金碧辉煌的宫殿，没有供人朝拜的宗教建筑，没有象征森严等级的祠庙公馆，没有休闲怡情的亭台楼阁；有的是原始而不失粗犷的住居院落，朴素却不失精巧的住居、聚落与村庄（图1-23、图1-24）。居住建筑的形式与技术代表了凉山彝族人民在建筑工艺上的最高成就；同时，凉山彝族的各种社会活动围绕其家居建筑及院落展开的现象，使凉山彝族社会制度的根本——家族家支制度在文化上，尤其在建筑文化上恰如其分地由彝族人民的"家"来加以诠释。凉山彝族人民精神世界的主导——祖灵信仰观念同样以"家"为根本产生多种活动。由此，凉山彝族建筑文化实体的类型出现居住建筑的为主要代表类型，居住建筑成为凉山彝族社会制度反映在建筑文化上主要的客观载体，是其民族建筑文化上的突出特点。

图1-23 凉山彝族民居村落——美姑县

图1-24 凉山彝族民居村落——布拖县

人本主义心理学创始人马斯洛（A.Maslow）认为，人的价值体系中存在不同层次的需求，排成一个需求系统，此为需求层次理论。人的需求分为5个层次，从生理的、安全的、社交的、尊重的需求，一直到自我实现的需求。虽然需求是按照层次递进的，但是并不是固定不变的，不同情况下，会出现不同类型的需求结构。但是如果低级需求不能充分满足，则高一级的需求就不能充分发挥。可见，需求是从物质功能性满足逐渐走向社会、精神性满足的递进模式。

当人们的建筑活动满足了最基本的居住功能，并由之产生居住建筑后，其延伸的需要会导致建筑活动创造更多种类的建筑形式：等级观念产生宫殿建筑，宗教观念产生宗教建筑，娱乐商业需要产生剧院、商店等各类建筑形式。社会因素与精神因素是推动建筑形式多元化的要素，但他们也能成为建筑形式较单一化的原因。凉山彝族建筑文化现象中，凉山彝族居住建筑是其民族建筑文化主要的表现形式是突出特点，究其深层原因，也应从社会和精神两要素方面进行探讨。

（1）社会因素——凉山彝族家支家族制度影响

由于凉山彝族历史上没有形成统一的国家管理机构——中央集权政府，其权力是分散到各个家支群体的，土地等生产资料并不属于那个专门的阶级所有，而是掌握在除呷西以外各个阶层势力范围内的，历史上凉山彝族社会更准确地说是属于"林立的血缘家支群体割据社会。"因此，这种制度尽管生存了几千年，但没有出现公共性建筑的痕迹，甚至连一般的集市场所都不曾建立。家支制度虽然与宗族有关，但等级转化与宗族转化（家支分支）使得产生专门的宗祠会馆等宗族建筑形式也没有存在的必要。

在家支等级特点与其转化的过程中，除呷西外各级生产资料的自我掌握使得其经济结构始终掌握在个人手中，甚至呷西升为阿加后也会掌握生产资料。居住建筑是反映这种生产资料私有与阶层转化最贴切的建筑形式，而家支制度中家族血缘的关系更是以"家"——居住建筑最能表达其深刻的内涵。

（2）精神因素——凉山彝族祖先崇拜及祖灵信仰

宗教是"古代风俗的储藏库。"应该说，家支制度在社会制度上的确立，是和彝族祖灵信仰与祖先崇拜在凉山彝族精神世界的统治地位相对应的，这种信仰和崇拜同时也在左右着凉山彝族建筑文化的表现形式。

凉山彝族传说《万事万物的开始》中提到："阿波阿惹是诺苏第一个修房盖屋的老人，为啥要修房盖屋？为了要敬神祭祖，嫁女儿，娶媳妇，生儿育女。"可见这里明确地把祖灵崇拜的两个本质意义——敬祖求保佑和繁衍以续家的功能归结到凉山彝族住居这种建筑形式中了。

此外，凉山彝族祖灵祭祀活动分家祭和野祭。家祭即在住居正房内进行，主要在诺苏年（农历十月）及火把节（农历六月二十四日，又称"星回节"）

期间进行。正房内又以火塘空间为中心，火塘侧上方有家灵灵牌"玛笃"，这是祖灵崇拜最直观的反映形式之一。家祭将祭牲摆于几案上，门外燃松枝点烟火，通知祖灵回家过年，享祭火塘内火药旺，否则祖灵不享祭品，行祭祀后将祖灵送出家门。一切活动均在家内进行，正房俨然已经成为实际意义上的宗教建筑，提供了宗教活动的场所。

　　正是由于凉山彝族的家支制度与祖灵信仰在建筑形式上同时聚焦于居住建筑之上，所以居住建筑的公共化意义就体现出来了。凉山彝族生活中主要将祭祀和集会仪式活动放在各自家居环境或周围来进行，相应的公共活动必定以居住建筑为主要场所，这样 在具备宗教场所性质的同时，居住建筑也有了公共化的意义。

1.3.4　凉山彝族建筑活动总结

　　凉山彝族所处环境和其文化的基本特点，对其建筑活动的影响有着几个特点：

　　① 生产力低下，建筑活动规模普遍不大。建筑技术以工匠口头传承为主，没有形成较为完整统一的可记载的建筑技术，建房属经验性建筑活动。建筑类型原始粗犷，有极少的建筑类型分类，而且多集中于低技术含量的建筑。如民居、水房、简易吊桥等（图 1-25、图 1-26）。

图 1-25　凉山彝族民居　　　　　图 1-26　凉山彝族吊桥

　　② 住屋习惯与其半农半牧，重牧轻农的生活习惯相适应；房屋结构、材料等易于搬迁（图 1-27、图 1-28）。

图 1-27　凉山彝族民居的榫卯结构

图 1-28　民居采用木材料

③ 高寒山区的自然条件的影响，使其建筑活动的适应性显得比较突出。如村寨选址、采光朝向、建筑材料运用等。

④ 历史上兹莫、诺伙等统治阶级接触到的汉文明给凉山彝族建筑活动留下了一些痕迹。如土司建筑院落的遗迹等（图 1-29、图 1-30）。

图 1-29　河西抚夷司衙门碉楼遗址

图 1-30　河东长官司衙门遗址

⑤ 由于历史上家支械斗及与外民族战争的原因，从其村寨选址布局到建筑的修建特点均存在军事防御性。

⑥ 长期保留的家族家支社会制度和祖灵信仰的宗教特点对凉山彝族的根本性影响决定了凉山彝族建筑活动的根本特点。即客观存在的条件如气候、地理环境和历史背景等客观因素对建筑文化的影响服从于这一根本因素的影响。

1.4 凉山彝族民居的历史演进过程

凉山彝族谚语有一句:"种庄稼是失尔俄缺开创的,盖房屋是木尔惹比开创的。"凉山彝族自古就带有强烈的游牧民族的文化特征。建筑形式也从简单的阶段向复杂的阶段演化,同时也经历了穴居—半穴居的低级居住形态,最后形成简单的树杈房—棚房—木构瓦板房—生土木构瓦板房—大型全木构瓦板房(表1-2)。

表1-2 凉山彝族民居居住形态演进序列表

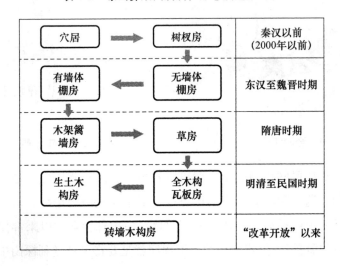

1.4.1 秦汉以前

1. 穴居

穴居是人类历史上古老而重要的居住类型,并以这种居住形式成为人类历史一个阶段的标志。《易·系辞》记云:"上古穴居而野处。"住屋经过了穴居半穴居,才发展至平地起建的历程。在生产力水平低下的状况下,天然洞穴显然首先成为最宜居住的"家"。从早期人类的北京周口店、山顶洞穴居遗址开始,原始人居住的天然岩洞在辽宁、贵州、广州、湖北、江西、江苏、浙江等地都有发展(图1-31)。

据凉山彝族的一些史诗记载，凉山彝族先民似乎最先有过树居（巢居）的历史（图1-32）。"人们在当初，不曾住地面，野兽凶蛮蛮，跑在森林里，人居于树上，人与兽相随。"凉山地区山体起伏，树林丛生，树居模式确是一种凉山彝族先民比较直观的生存居所。但有可能树居的生活并不适合危险丛生的山林生活，最后为穴居所代替。《阿细的先基》中继续说道："他们（先民）爬到树上去住，扯叶子来垫，住不下去了，又爬下树来。"最后诗歌写道："他们跑到石洞里面，抬石头堵住洞口。"至此，彝族先民完成了由树居向穴居模式的过渡。

图1-31　金沙江边的天然洞穴　　　　图1-32　哀牢山彝人的窝棚

我们从彝族民间传说故事中就可以看出，凉山彝族历史上是经历过这一历史阶段的，这一阶段彝族穴居历史也见诸于汉族历史记载。从民族学的角度也可以证明凉山彝族曾经历过穴居时代。凉山彝族自古以来都保持火葬习俗，即"兹兹蒲吾"，仪式最后的一道程序就是要将灵牌送到深山中岩洞或石峰中。从这道仪式就可以充分说明凉山彝族历史上经历过穴居时代的。

由于凉山彝族社会长期处于较低级的社会形态，这种穴居很长一段时期内在凉山地区依旧存在，主要存在于较偏远环境恶劣的边缘山区，直至新中国成立后仍旧有人住在这种穴居中。据昭觉县文化体育局局长阿则拉基老师介绍，凉山彝族穴居空间一般不大，能容纳三五人。穴居中部有火塘，各地所存古人穴居遗址也表现了"火塘中心"这一模式，这与其后发展的较高级房屋中"火塘中心"模式相吻合。由于多为天然石洞，无中柱设置，不似人工挖掘的洞穴以中柱支撑并形成中柱中心模式（图1-33）。

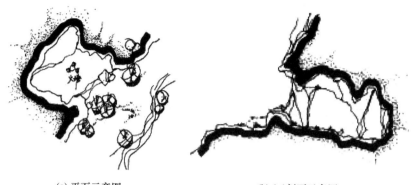

(a) 平面示意图　　　　　　　　(b) 1-1剖面示意图

图 1-33　凉山彝族先民穴居示意图

穴居洞穴形式较为单一，主要为侧向穴居模式，未见穴居发展到后来出现的竖穴加草顶的形式。可见凉山彝族穴居的居住形式始终处于一个较低级的阶段（图 1-34）。

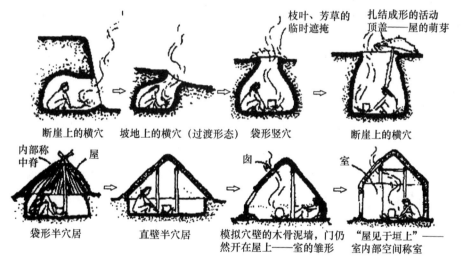

断崖上的横穴　坡地上的横穴（过渡形态）　袋形竖穴　　断崖上的横穴

袋形半穴居　　　直壁半穴居　　模拟穴壁的木骨泥墙，门仍　"屋见于垣上"——
　　　　　　　　　　　　　　　然开在屋上——室的雏形　室内部空间称室

图 1-34　穴居发展序列图示

除凉山彝族，滇黔彝族中也有穴居模式可作旁证。如云南九乡为彝族世居的村落，村中有一"仙人洞"，实为"先人洞"，即"祖先之洞"，是传说中彝族先民们生活的居所，后成为先民们为新婚夫妇所特别准备的洞房，以示此洞为繁衍后人的源泉。这一实例侧面反映了穴居生活为彝族人民的生活留

下了深刻的烙印。

又如滇南彝族的"土掌房"式民居（图1-35）。"土掌房"形制与山体结合得十分融洽，屋内冬暖夏凉，但空间低矮压抑，采光不足。土掌房最早的形成过程没有记载，但究其内部空间与外部选址特点来看，房舍与山体的结合犹如侧向穴居向山坡外侧延伸的结果，内部局促阴暗环境和洞穴幽暗封闭特点相符，正切合了穴居模式的印象，而这种民居形式在川西北藏羌民居中也有体现。

图1-35　滇南彝族的土掌房民居

2. 树杈房

凉山彝族的树杈房是有存世的。它实际上是游牧民族在半定居生活方式中出现的一种简单的建造房屋形式。公元前2世纪的西汉及其以前，彝族先民社会已出现游牧部落与定居农业部落的分化。

树杈房的建造工艺是，用三排顶端带叉的较粗的树干作为房屋的承重柱子并插入地下，中排高于两侧树杈柱，树杈上承揽横向树干，作为最原始形态的檩条，再在檩条上捆扎细树枝作为原始形态的椽条，直至地面，上覆盖茅草或树枝，各部件以藤条或篾条捆扎。屋顶自然形成两面坡，无墙体，中间即为进出通道（图1-36）。这种树杈房应该最早源自游牧民族的帐篷，进入半定居生活方式后，开始因地制宜制作半定居的住房形式。

凉山彝族最早起源于游牧民族文化，在吸收本土土著居住文化特点后，创制树杈房。当然这种居住形式在彝族早期历史上是不分贫富差异和等级高低的，只有奴隶制经济发展到相应阶段，又在外来文化的影响下，才成为个别等级较低、经济条件较差的奴隶阶层的住房。近现代凉山彝族搭建牛羊棚是这种树杈房住居形式的延续，所以树杈房应该是凉山彝族早期历史阶段的民居类型。

 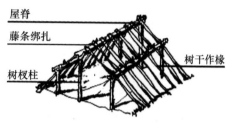

(a) 哀牢山彝族守田房为树杈房样式　　　　(b) 凉山彝族树杈房结构示意图

图1-36　彝族树杈房

1.4.2　东汉至魏晋时期

1. 无墙体棚房

东汉至魏晋时期，各彝族先民地区继续分化出一批曳帅、夷王，表明在征服濮人等部落的基础上，昆明部落已基本完成从原始社会向奴隶占有制度的过渡。同时，彝族人民的居住环境也在进步。

无墙体棚房从形式上来看直接脱胎于树杈房，其结构形式一脉相传，即构成要素为中柱、横梁、檩条、椽子等，只是其建造材料更趋完善和复杂。用更好的木柱和木杆为主要建材，并辅以简单的加工工艺，表现出彝族在居住形态上一种较高的定居形态。

2. 有墙体棚房

有墙体棚房较之于无墙体棚房，屋顶开始抬高，两侧矮柱的外侧开始敷设竹条和篾笆作为墙体，并捆扎固定于矮柱之上，两侧山墙也用竹条篾笆围成，呈四方形，大门则开在正墙处。屋顶仍用茅草敷设为主，加工工艺稍比无墙体棚屋更为完善。其内部中柱与侧柱之间出现简单的横向连接的树干，以保护建筑结构横向和纵向的稳定性，但是其柱梁之间搭接仍然采用藤条或蔑条等固定。

这种类型的棚屋占据了凉山彝族建筑历史上很长一段时期，并见诸于地方史籍记载。其内部结构开始由排柱承重，横梁的出现加强了中柱与侧柱之间的结构稳定；墙体第一次出现，起了内外部阻断的作用；屋顶真正有了分流雨水的功能，到后期的有墙体棚房，还出现了屋顶使用木板代替茅草的屋面防水材料；墙面也以竹篾条为里，外敷设草木灰、牛粪等搅拌而成的墙体材料，具有更好的抗风性和防御性。

1.4.3 隋唐时期

唐天复二年，南诏奴隶制王朝的覆灭，意味着彝族先民的奴隶制随之消亡。两宋300多年中，戎（宜宾）、泸（泸县）、黎（汉原）三州的彝族先民，处在宋王朝与大理政权的相互争取之中，出现了奴隶制经济相对繁荣的局面，与之相配合，奴隶制生产关系出现了强大部落奴役小部落的情况。蒙古蒙哥汗三年，蒙古骑兵自四川分三道进攻云南，经彝族地区时，促使处于分裂状态的各彝族先民成立了比较统一的反蒙古联合，开始统一于罗罗族称之下。与之相对应，蒙古贵族加强对各地彝族兹莫即土长的争取工作，发展了在部分边疆民族地区分封各族首领世袭官职，以统治当地人民的土司制度。自1263—1287年，相继在今越西、西昌、屏山、大方、昭通、威宁等地设立彝族土司。

1. 木架篱墙房

木架篱墙房的出现是凉山彝族进入奴隶社会中期阶段的客观证明，由此带来两个直接社会结果——第一，有足够的劳动力可以从事农业生产活动，定居生活更加稳定；第二，加大了与外界民族的交流活动，特别是民居建筑开始吸收其他先进民族的居住形式。家庭形态以父系血缘为纽带的家支制度开始出现，婚姻形态过渡到一夫一妻制。婚姻形态又迫使彝族民居形态更加追求以独立家庭为主的、私隐性更强的木架篱墙房（图1-37）。

在有墙体棚房的基础上，凉山彝族开始吸收外来民族的建筑文化并提高了工艺性，特别是类似于汉族房屋的榫卯结构开始出现。出现这种建筑形态，与生产工具的改进和建筑新技术的出现是密不可分的。铁器在木匠的工具中被广泛地使用，以及简单的度量衡方法的熟练运用，这些都对木架篱墙房的出现奠定了硬件基础。其特征是开始注重房屋内部的柱梁结构的稳固性，桁架结构的方式使其更加完善和坚固，后期又出现了穿斗式结构。

图 1-37 木架篱墙房的发展过程

凉山彝族经济较为富裕的时期，开始出现大挑檐的屋顶，以解决屋面层高的问题，内部空间也已开始出现三隔间的功能布局。在大型民居堂屋中为减少落地柱，开始出现搁架结构和剪刀撑结构。一般初期小户型的采用"十"字形剪撑结构为主，后期大户型采取"米"字形剪撑结构。

2. 草房

草房的出现是继权权房形式后彝族先民在住屋技术与形制上的又一大进步。虽然草房所用檩、椽的构件仍旧是较为粗糙的自然材料；房屋体形较小，结构搭建的形式为最原始的人字形柱梁架体系，还没有上升到处理结构关系以解决房屋跨度问题的阶段；平面组成也十分原始，没有各功能空间的划分。尽管如此，可以看到草房已经完全具备了现代意义的建筑中柱、梁、檩、椽、墙等结构构件与门等建筑构件并得到一定系统的组合，形成了长方形的平面形制。房屋主要结构构件如柱、梁等经过了人工加工；除蔑笆墙外，墙体也开始采用经过加工处理的夯土墙；屋顶材料——茅草，也通过专门的处理，有了对自然条件更好的抵抗力。草房的产生已使凉山彝族的住屋形制和文化进入了文明时代。

1.4.4 明清至民国时期

明代276年间,地跨云、贵、川三省的水西(大方),乌撒(威宁)、乌蒙(昭通)、芒部(镇雄)、东川(会泽)、永宁(叙永)、马湖(屏山)、建昌(西昌)等地各彝族土司(兹莫)连成一片,相互支援,保持着基本上相同的奴隶制度,与低下的社会生产力相适应,各彝族地区基本上可以划分为土司及黑骨、白骨与家奴三个等级。在上述等级关系的基础上,明代水西、乌蒙、建昌等地彝族的土司制度仍然是奴隶制的上层制度。康熙、雍正年间,清王朝在彝族地区推行"改土归流",给土司、土目、奴隶主势力以沉重打击。随着社会生产力的发展,部分地区比较迅速地由奴隶制向封建制过渡。

凉山地区彝汉关系长期互动发展。彝汉人口均是长期持续迁入凉山的。彝汉迁徙路径基本表现为,汉族是翻山按水系前行;彝族是渡河按山脉前行(图1-38)。产生这一现象的主要原因是生产方式上的差异——当地汉族以稻作农业为主,主要在平坝河谷地区活动;而彝族大多半农半牧。

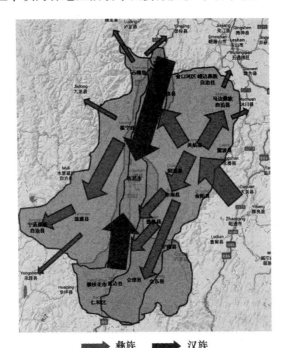

图1-38 凉山彝族和汉族的迁徙路线

清中期以后，凉山地区彝汉冲突增加。汉族方面表现为因人口压力逐渐向偏远地方开荒，与彝族聚居地愈加靠近，甚至深入彝区。彝族方面表现为土司衰落后持续迁移，社会新结构对于奴隶人口的需求增加，到汉地劫掠人口的情况增多。这种冲突和互动一直持续到新中国成立后、改革开放前。

1. 生土木构房

尽管篱墙房已经为古代凉山彝族人民提供了更为进步的住屋形式，但由于凉山地区高寒山区的特点，竹笆墙与草坡屋顶无法阻挡凛冽的高原山风；同时随着社会形态的逐步发展，比较薄弱的围护墙体在防护要求日益加强的社会环境（如战争）下已经显得不适用，而凉山彝族人民半耕半牧的经济生活使得他们极易搬离居所。那么怎样的房屋形式才能更为适应这样客观环境与这样的社会性质呢？生土木构房作为一种过渡性住居建筑形式开始了。

与汉族文化的交流碰撞，一些被奴役的汉族工匠，在彝族地区以汉族民居的建造方式结合木架篱墙房的特点，创制了木构瓦板房。木构瓦板房从结构上来看是木架篱墙房的升级版本，但是显然可以看出，其建筑工艺特别是结构力学方面，明显受汉族木构建筑的影响。充分消化吸收了中原南方汉族房屋的挑檐技术和川西平原汉族民居穿斗式建筑的建造技术，并结合凉山彝族经典的木架篱墙等建筑的建造工艺特点，共同创造出凉山彝族经典的木构瓦板房。到了后期大户型的出现其结构上更加注重大跨度、大纵深，大层高的特征，使凉山彝族的建筑舒适度大幅提高。夹层也在后期出现，剪力墙撑式屋顶的搁架结构也开始出现。大挑檐和双排落地檐柱出现，提高了建筑对外的交流空间。外墙以木板和泥土墙混合，内墙以木隔板墙为主，内部空间布局更趋合理。

生土木构房的出现必须有一个前提就是，汉族地区板筑夯土技术传入凉山彝族地区。根据历史上的民族调查研究，凉山彝族地区学习汉族地区板筑夯土技术在民主改革前一般都没有超过三代人，也就是说凉山彝族地区从汉族地区输入汉族板筑夯土技术不会超过19世纪的中末期，也就是晚清时期。但是正是这种汉族地区板筑夯土技术的传入后，从根本上改变了凉山彝族地区普通民众的居住形式。这种技术不要求有特别的建筑技术，只需要简单的劳动力，筑墙材料又可以就地取材。简单的柱梁木材又可以因地制宜，因此

成为广大彝族民众广为采用的住居形式。一些财力有限的家庭包括经济条件较差的诺合阶层都在财力有限的形势下，不追求大跨度、大高度前提下，采用简单的板筑夯土墙工艺修造房屋的承重墙，并在墙体上部夹筑挑檐和搁架，中间结构采用或部分采用穿斗式结构，屋顶仍以木瓦板为主。因此在凉山彝族地区该种类型的民居形式最为普遍（图1-39）。

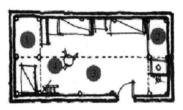

1-哈库；2-呷泼；3-堂间；4-锅庄；
5-侧间夹层；6-堂屋空间

图1-39　凉山彝族生土木构架民居示意图

凉山彝族住居建筑发展到权权房、草房阶段时建筑是独立的，没有出现民居院落，而生土木构架民居一般要与院墙、碉楼等元素一同形成建筑院落（图1-40）。夯土墙技术与平面分割延伸到了建筑之外，院墙可以成为居室空间外部又一道阻挡元素，阻挡寒风直接面对房屋且加强住屋的安全性。

尤其值得说明的是，覆盖屋面结构的材料运用了具有代表凉山彝族建筑浓厚民族特点的杉木板，称之为"瓦板"，是将杉树以人力手工砍制而成木板，上下搭接盖于屋面上，并隔一定距离压以长木杆和石块，远望一片片屋顶具有十分独特的肌理效果（图1-41）。

图1-40　凉山彝族院落　　　　**图1-41　凉山彝族民居的瓦板屋顶**

生土木构架民居是历史上大多数凉山彝族人民的住屋形式，至今仍在凉山各地广泛存在。这种住屋形式极好地适应了凉山地区的气候环境特点，充分利用了当地的自然资源，而且适应了由于凉山彝族社会形式的发展而导致对人民生活环境的要求，是建立在凉山彝族人民不断适应自然环境与历史社会发展阶段的产物。

2. 全木构瓦板房

随着凉山彝族阶级等级的分化，在生土木构架民居出现以后，兹莫、诺合等凉山彝族的贵族阶级需要更为高级的住屋形式来体现其统治阶级地位。利用凉山地区丰富的林木资源，凉山彝族住居技术与形式上最先进的代表——全木构瓦板房出现了。

在全木构瓦板房的结构中除了运用经典的穿斗式与抬梁式结构以外，凉山彝族人民创造了独一无二的"搧架式"结构。据采访的工匠介绍，这种结构是借鉴了汉式斗拱结构的部分作法，同时融入了凉山彝族人民传统的建筑工艺创造而成。搧架结构主要利用大量的木材原料，在形式上平面沿一方向层层出挑承担撑檩短柱的拱架，以增加空间跨度（图1-42）（在后面结构分类中详细介绍）。搧架式结构层层出挑的形式也确与斗拱结构有部分的类似，较好地解决了大跨度的问题，成为凉山彝族民居结构形制中最富特色和最富科学性的一种。

木构瓦板房为正房的住居院落多为带简单厢房的三合院。院墙环绕正房，碉楼立于墙角，总体平面简洁大方。正房平面体系仍然沿袭了经典的彝族住居布局，即堂间加左右侧间的三分式布局。但由于搧架结构的发明，较之于生土木构架民居，其平面面积随进深跨度的增大而有很大的增加。堂间空间面积大大增加，与之相应的就是堂间出现更细致的划分，如主人间、客人间、子女间等等。但需要注意的是，堂间内的各空间划分仍然统一于堂间的大空间内，没有出现夹层。由于正房房间空间加大，左右两侧间必然要与堂间有内墙隔离，以便在功能上明确划分。隔墙均为穿斗结构夹嵌木质墙板而成，木墙开一门进入侧间（图1-43）。远离锅庄侧间（呷泼）出现夹层而成两层，一般从堂间架梯子进入二层；靠近锅庄侧间（哈库）仍为一层（图1-44）。

图1-42 凉山彝族博物馆仿建彝族住居的正房搧架结构

图1-43 由堂间进入哈库的入口　　　　图1-44 呷泼的上下层关系

高级的全木构瓦板房在凉山彝族社会中并不是一个十分普及的住居形态，因为它受经济条件的制约和森林资源的分布限制，建造这种房子需要耗费大量的木材和聘请熟练的工匠，一般人家受经济条件的局限都难以承受。因此，全木构瓦板房在凉山彝族社会中成为衡量经济地位乃至政治地位的一种标尺。广大低阶层的彝族群众只能结合经济条件和生活条件因地制宜的建造其他结构简单类型的民居。

1.4.5　改革开放以来

1935年，中国工农红军在毛泽东、朱德、周恩来率领下，长征经过凉山，在这里摆脱了蒋介石数十万大军的围追堵截，创造了"巧渡金沙江""彝海结盟""飞夺泸定桥"的伟大历史奇迹,中央政治局还在会理铁厂召开了著名的"会理会议"。

1950年,凉山终于迎来了解放,1952年10月,凉山彝族自治区成立(后改为州),1956年,在中国共产党的领导下,凉山实行民主改革,奴隶得到解放,生产有了发展,民族走向团结,这是凉山历史上开天辟地的大事件,社会主义制度的建立,标志着中国最后一个保存完整的奴隶制度被彻底摧毁,凉山实现了从奴隶制社会到社会主义社会"一步跨千年"的飞跃。

凉山彝族的住居也紧跟时代的步伐,也开始出现砖墙木构房,在融合了汉族建筑技术的同时,仍然保留了彝族的建筑文化。

从原始的穴居到结构精巧的全木构瓦板房,凉山彝族的住居建筑形式可以说涵盖了人类历史上各时期住居形式,成为活生生的住居发展史的例子。其建筑形制结构、装饰的不断进步与发展给我们以直观的印象(表1-3)。

表1-3 凉山彝族住居形式发展一览表

住居类型	代表平面图	代表剖面图	代表形式	主要特点
穴居				最原始的居住形式之一,天然石洞,内有火塘
树杈房				早期凉山彝族住居形式,形式粗糙简单,但已确定双坡顶形式,有柱结构,无明显墙结构
草房				早期凉山彝族住居形式,材料为木、草等,已围合为四方形状,有柱、墙、屋面,各结构分化

续表

住居类型	代表平面图	代表剖面图	代表形式	主要特点
生土木构房				凉山彝族主要住居形式，土墙木构架骨架，主要为穿斗承重结构
全木构瓦板房				凉山彝族贵族住居形式，制作精良，以独特的搁架结构为承重结构

凉山彝族民居的划分与地域特色

凉山州位于四川省西南部,南至金沙江,北抵大渡河,东临四川盆地,西连横断山脉。处在东经100°15′～103°53′和北纬26°03′～29°27′之间。境内地貌复杂多样,地势西北高,东南低。高山、深谷、平原、盆地、丘陵相互交错,有海拔最高为5958m的木里县恰朗多吉峰,最低的雷波县大岩洞金沙江谷底305m,相对高差为5653m。

凉山州区域属于暖温带湿润气候区,干湿分明,冬半年日照充足,少雨干暖;夏半年云雨较多,气候凉爽。日温差大,年温差小,年均气温16～17℃。这里地理环境复杂多变,气候的垂直、水平差异明显,往往山头白雪皑皑,山下绿草茵茵,可谓"一山分四季,十里不同天"。日照量自北向南递增,北部山地年日照时数约在1600～1800h,而中南部达到2400～2600h。在我国北纬30°以南地区,除西藏和云南元谋县之外,这里的日照时数是最多的(表2-1)。

凉山彝族的建筑形式与地理环境、自然资源、人文环境有着很大的联系。根据凉山各县域的地形、气候、彝族人口的分布,可以将凉山彝族自治州划分为三个区域,每个区域的民居建筑风格都有当地地域条件的特色(图2-1)。

表 2-1　四川省凉山彝族自治州各县域地理气候一览表

县城	海拔（m）	县城及县城海拔(m)	平均气温（℃）	年均日照（h）	气候	地理位置
木里	1530 ~ 5958	乔瓦镇 2300	14° 最高 7 月，19° 最低 1 月，7.5°	2100 ~ 2200	亚温带湿润气候	青藏高原东南缘
冕宁	1330 ~ 5299	城厢镇 1800	14° 最高 7 月，20° 最低 1 月，8.5°	2000 ~ 2100	亚热带山地立体气候	青藏高原东缘
盐源	1200 ~ 4393	盐井镇 2540	12.1° 最高 7 月，30.7° 最低 1 月，4.7°	1600 ~ 1700	亚热带山地立体气候	青藏高原南缘
越西	1170 ~ 4791	越城镇 1667	11.3° ~ 13.3° 最高 7 月，20° 最低 1 月，6°	1600 ~ 1800	亚热带湿润气候	青藏高原东缘
喜德	1580 ~ 4500	光明镇 1843	14.1° 最高 7 月，21° 最低 1 月，6.9°	2000 ~ 2100	低纬度高海拔中亚热带季风气候	大凉山与小相岭间
甘洛	570 ~ 4288	新市坝镇 1070	16.2° 最高 7 月，20.8° 最低 1 月，7.5°	1300 ~ 1600	中亚热带气候	四川盆地南缘向云贵高原过渡
美姑	640 ~ 4042	巴普镇 2082	11.4° 最高 7 月，18° 最低 1 月，5.5°	1600 ~ 1800	低纬度高原性气候	青藏高原东南部与四川盆地西南边缘交汇处，大凉山山脉中段
昭觉	520 ~ 3873	新城镇 2077	10.9° 最高 7 月，17.5° 最低 1 月，5°	1800 ~ 2000	高原温带湿润气候	大凉山腹心地带
雷波	305 ~ 4076	锦城镇 1169	12° 最高 7 月，20.7° 最低 1 月，6.5°	1200 ~ 1500	亚热带山地立体气候	西南边缘的横断山脉东段小凉山
布拖	535 ~ 3891	特木里镇 2385	10.2° 最高 7 月，22° 最低 1 月，5.5°	2000 ~ 2100	低纬度高海拔中亚热带季风气候	东南部大凉山区
西昌	1500 ~ 3500	西昌市 1538	17.2° 最高 7 月，23.8° 最低 1 月，9.4°	2400 ~ 2500	亚热带高原季风气候	西部牦牛山，东侧属螺髻山山脉
金阳	460 ~ 4076	天地坝镇 1450	16.9° 最高 7 月，23° 最低 1 月，7.5°	1500 ~ 1600	亚热带山地立体气候	界北为凉山山原地貌，界南为山原边缘褶皱地带
普格	1040 ~ 3319	普吉镇 1443	16.8° 最高 7 月，22.7° 最低 1 月，9.4°	2000 ~ 2100	山地温凉到南亚热带气候	云贵高原之横断山脉，大凉山向南的分支

续表

县城	海拔（m）	县城及县城海拔(m)	平均气温（℃）	年均日照（h）	气候	地理位置
德昌	1115～4359	德州镇～1380	18° 最高7月，25.8° 最低1月，7.5°	2100～2200	亚热带季风气候	螺髻山与牦牛山东西对峙，中间是安宁河谷
宁南	518～3919	披砂镇～1180	19.3° 最高7月，26° 最低1月，9°	2200～2300	亚热带山地立体气候	横断山区边缘，由北至东为大凉山余脉
会东	640～3332	会东镇～1800	16.2° 最高7月，20.5° 最低1月，7.5°	2200～2400	亚热带季风性湿润气候	横断山脉南部褶皱山中切割地带
会理	839～3920	城关镇～940	17° 最高7月，21° 最低1月，7°	2400～2500	中亚热带西部半湿润气候	西南横断山脉东北部，青藏高原东南边缘

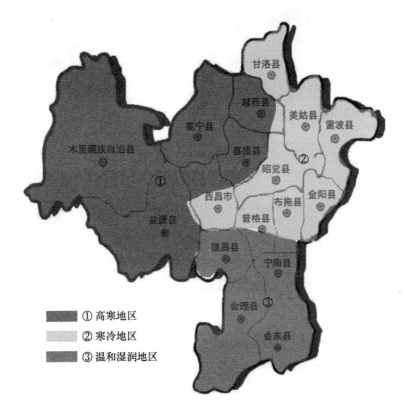

图2-1 凉山彝族地形气候划分图示

 ## 2.1 凉山高寒地区的彝族民居特点

2.1.1 地形与气候特点

高寒地区位于凉山州西部,主要包括木里藏族自治县、盐源县、冕宁县、越西县和喜德县(图2-2)。因其在青藏高原的东南缘,山势陡峭,海拔在2000~5000m之间,年均气温12~14℃,属于亚热带季风气候区;同时由于山川纵横,海拔差异大,气候又呈亚热带高原季风气候。

(a) 木里藏族自治县风貌

(b) 冕宁县复兴镇风貌

(c) 越西县普雄镇风貌

(d) 喜德县风貌

图2-2 凉山彝族高寒地区风貌

从地图就可以看出此区域临近汉区,特别是"南方丝绸之路"的必经之地(图2-3)。

从族源的角度讲,高寒地区的彝族是从大小凉山地区的彝族迁徙而去的,此地的原住民是以尔苏人(藏族一支)为主。

新编甘洛县志，称尔苏人是当地的土著民族，从一些口碑资料和县内地名得知尔苏人在清朝和民国时期已纳入地方政权直接管辖。甘洛尔苏人长期在横断山中隐姓埋名，其萨巴图画文字为国内罕见，刺绣水平精美绝伦（图2-4），他们信仰原始宗教，解放40多年的时间里自称"番族"，14年前才划归藏族。

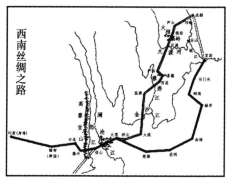

图2-3 "南方丝绸之路"图示　　图2-4 尔苏人的师日啊卓（过年）

尔苏人是以尔苏语区分的，尔苏语主要分布在凉山的甘洛、越西、冕宁、木里，还有雅安地区的石棉、汉源，以及甘孜藏族自治州的九龙等县，人口约有两万。不同地区使用尔苏语的居民，分别有多种不同的自称，居住在甘洛、越西、汉源的自称"尔苏"，又自称"布尔兹"，有时连起来可以自称"布尔兹尔苏"；分布在冕宁东部地区的自称"多续"，分布在石棉的自称"鲁苏"，分布在九龙、木里以及冕宁西部地区的自称"栗苏"。上述分布在不同地区的各种自称，都是同一名称的方音差别，他们原来都是"白人"的意思。

费孝通先生说："我国西部民族走廊沉积着许多现在还活着的历史遗留，应当是历史与语言科学的一个宝贵园地。"今天的尔苏人已划归藏族，成为藏族中很奇特的一支，尔苏文化是西部民族走廊中的一朵奇葩。甘洛尔苏众多的未解之谜，今天吸引着众多关注的目光，尔苏文化是绚丽凉山宝贵的人文资源。

此区域讲"圣乍"土语，俗称"中裤脚区"，穿着人口约80万。男性服饰裤脚介于大小裤脚之间，裤脚裤腰一样宽，裤脚宽约0.6～1m不等；女子上衣身长齐膝，袖长过腕，袖口窄小，以鸡冠、窗格和火镰纹样为主，底襟饰大块蕨纹为独有纹样，坎肩饰花精美是本地特色服饰（图2-5、图2-6）。

图2-5 "中裤脚区"男性服饰

图2-6 "中裤脚区"女性服饰

因此反映在彝族民居建筑上融合了汉区建筑和尔苏民居的综合特点，表现在设计和使用功能上更加注重实用性（图2-7、图2-8）。

图 2-7　凉山越西县老宅

图 2-8　凉山越西县普雄镇民居

2.1.2　分布的民居建筑形式

　　因为山势陡峭，高低起伏，因此村落和民居的选择都要根据当地的地势环境而定。

　　（1）山顶日照充裕，植被丰富，但是常年寒冷，属于高寒地区。由于海拔太高，温度太低，此区域人烟稀少，主要是放牧休憩所需的棚房和简单的木楞房（图2-9）。

图2-9　凉山彝族高寒地区山顶的简易木楞房

　　（2）山腰地理条件好，阳光和雨水适中，植被非常富裕，建筑主要以生土式木构房为主（图2-10、图2-11）。

图2-10　生土木构房外部土墙　　　图2-11　生土木构房内部木结构

　　生土木构房平面虽比另外两个地区住居面积大，但大多集中在 9m×5m 上下（图 2-12）。房屋平面是典型的凉山彝族三间式平面，由于进深不大，再加之中部的凹廊形式，正堂显得稍小。但凹廊空间的出现为室内外空间的穿插提供了过渡带，室内外活动在这个空间转换十分自然（图 2-13）。廊下可防雨晾晒部分农作物，人们可在廊下遮阳避雨并不耽误工作。

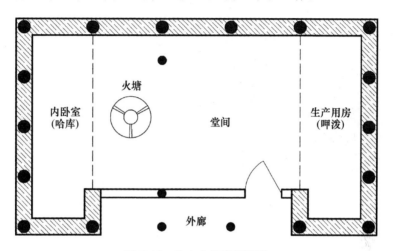

图 2-12　生土木构房平面图

图 2-13　生土木构房凹廊

　　主体结构仍然采用搁架结构,但是不追求大跨度和大进深,各构件间距离较短,整体结构显得紧凑精巧(图2-14)。因此,各构件尺寸缩小,山墙多以板筑生土墙为主,并且山墙处柱架多喜暴露于生土墙外侧,用于支撑屋檐(图2-15)。堂屋中间多以多层出挑的方法减少落地柱数量,以图增大内部公共活动的空间(图2-16)。

(a) 大门　　　　　　　　(b) 室内结构　　　　　　　(c) 卧室及储藏间

图2-14　生土木构房细部展示

图2-15　山墙处柱架暴露外侧　　　　图2-16　堂间多层出挑的搁架

　　(3)山脚河谷地带雨水更为丰沛,空气潮湿,彝人们主要以石砌青瓦房或土墙式青瓦房为主要的居住形式(图2-17、图2-18)。

　　青瓦房的房屋平面也是典型的凉山彝族三间式平面,但是进深不大(图2-19)。以凉山州越西县普雄镇贡莫乡地各村的民居为例,院落围绕山坡

图 2-17　青瓦房正房及院落

图 2-18　青瓦房院墙及猪圈

三面修建，正房坐北朝南，厢房正对山坡和堡坎，院门开在南侧，侧对正门。正房的堂屋开间较大，多达 9m，左右为卧室和储藏，其上有夹层，可放置生产资料（图 2-20）；堂屋为主要的活动空间，有电视，有火塘，当有重要的客

人来到时，便会在火塘炖"坨坨肉"来招待客人。厢房则主要是厨房、储藏室和牲畜房，与美姑、昭觉等地区相比，这一地区建筑有些汉化，功能分区也很清晰。主体结构与汉区的生土青瓦房很相近，主要以土墙承重，在土墙顶部架檩子，其上再搭椽子，盖瓦；只是堂屋的大跨度局部采用了桁架结构，以便稳固（图2-21）。

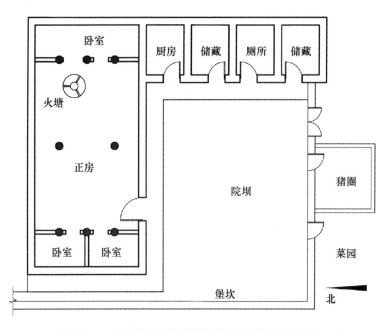

图2-19　凉山州越西县普雄镇的生土青瓦房平面图

图2-20　青瓦房堂间两侧夹层

图2-21　青瓦房堂屋简单的桁架结构

2.2 凉山寒冷地区的彝族民居特点

2.2.1 地形与气候特点

寒冷地区位于凉山州东北部，北与乐山相邻，东与云南昭通接壤，主要包括甘洛县、美姑县、雷波县、昭觉县、布拖县、金阳县、普格县和西昌市。因其在大小凉山的腹心及边缘地带，海拔在 1000～4000m 之间，年均气温 12～18 度，属于亚热带气候区；同时由于海拔相对高差很大，气候又呈亚热带山地立体气候。大凉山是横断山东侧的平行山脉，东西两侧均为相对海拔较低的河谷。山脉东侧为四川盆地西沿（图2-22）；山地西侧美姑县、昭觉县一带为山原，安宁河谷（州府西昌所在地）为四川省第二大平原（图2-23），此处丘陵起伏，顶部浑圆平坦，林牧业发达；东南侧为金沙江谷地，河谷深切，地面破碎（图2-24）。

图 2-22 四川盆地风貌　　　　　　　图 2-23 金沙江谷地风貌

图 2-24 安宁河谷风貌

此外，美姑县、昭觉县和布拖县的彝族人口高达95%以上，因此，这一地区属于凉山的腹心地区，此地区的彝族文化被视为凉山彝族最核心的文化区域。甘洛、美姑、雷波、昭觉主要讲"依诺"土语，俗称"大裤脚区"，穿着人口约 40 万；布拖和普格主要讲"所地"土语，俗称"小裤脚区"，穿着人口约 60 万。

"大裤脚区"男式上装以紧身为美，多为黑或蓝色，双袖及胸襟均刻意绣饰，大襟右衽，窄袖；男士下装以裤脚宽大为突出特点，宽约五尺六寸，最宽的一只裤脚可达 1.7m 以上，有人从床上起身，到门口才发现一只裤脚还挂在床头，便返去收回裤脚（图 2-25）。女子上衣大襟右衽，有衬衫、罩衣、背心三种，以细条盘花为主，辅以贴花和刺绣。襟袖嵌红、黄、绿色的细条纹为饰。凉山地区女性无论老幼皆上穿大襟右衽衣，下着百褶长裙（图 2-26）。

图 2-25　"大裤脚区"男性服饰　　　图 2-26　"大裤脚区"女性服饰

"小裤脚区"男子上衣以短为美，长裤以裤脚很小为特点，脚腿有多粗裤子便多大，以至于小到穿上就难以脱下（图 2-27），据说是历史上打仗为了便于穿梭密林好过草原，避免荆枝勾挂而产生的。妇女大多衫外罩短袖大襟衣，衣短不过脐，通身镶饰彩色花纹，风格粗犷，古朴艳丽（图 2-28）。裙多用羊毛织成，质地厚重。披有象征性小袖的披毡。青年女子头饰以花线锁的青布巾，折叠耸立于额顶，元谋女子戴高筒式黑帽，生育后换戴竹架圆顶大盘帽。

由于地理位置处于凉山彝族的核心区，受外界文化影响甚小，故此大量保留了凉山彝族的本土文化特征，尤其是体现在民居方面更是凉山彝族民居的代表性地区。同时有凉山中部最大的美姑河流经，因此森林资源丰富，有充足的原料提供建造房屋结构；并与历史上贵族阶层长期统治对应，寒冷区民居建筑，尤其是民居建筑的高级形式——全木构瓦板房保持了很高的建筑艺术价值。

图 2-27 "小裤脚区"男性服饰

(a)

(b)

图 2-28 "小裤脚区"女性服饰

2.2.2 分布的民居建筑形式

由于寒冷区幅员宽广，地形地势复杂，因而气候差异性较大，主要有四种气候区，而这四种气候区的民居建筑形式也不一样。

（1）南亚热带气候区：海拔 1000 ~ 1300m；本区年均气温 ≥ 18℃，热量丰富，光热充足，为本州香蕉、芒果、木瓜、甘蔗等热带作物主产区，且

热带风光突出。

　　降雨量多是河谷地带的主要特征，且土质好，树木少，因此民居以石砌青瓦房或土墙式青瓦房为主（图2-29、图2-30）。

(a)　　　　　　　　　　　　　　　(b)

(c)　　　　　　　　　　　　　　　(d)

图 2-29　河谷的石砌青瓦房

(a)　　　　　　　　　　　　　　　(b)

图 2-30　河岸的土墙式青瓦房

　　（2）中亚热带气候区：海拔 1300 ～ 1800m；本区年均气温 16 ～ 18℃，降水量较南亚热带气候区多，空气较为湿润，是本州的粮油主产区，同时也是本州旅游资源最丰富的地区。

山腰木材相对丰富，以生土木构瓦板房为主（图2-31）。随着建筑技术的发展，围护墙体也开始采用砖砌，但是受力结构仍为木撑架结构（图2-32）。

图2-31 生土木构瓦板房

图2-32 砖墙式的木构瓦房

（3）北亚热带气候区：海拔1800～2100m；本区年均气温13.5～16℃，降水量较多，是本州粮油主产区之一，且旅游资料也较为丰富。

山势处于中高，便于防御；植被良好，木材丰富；因此区域产生了住居建筑的高级形式——全木构瓦板房（图2-33～图2-35）。全木构瓦板房大多为贵族诺合居住，充分利用搁架结构的优势，居室面积较大，普遍正房平面开间为 15m 以上，进深为 9m 以上；内部各空间结构划分更为细致；三间式划分十分明显，且左右两侧间面积加大，由以靠近火塘侧间"哈库"已经明确形成，堂间各家居成员房间格局清晰如主人间、客人间、子女间都有明确的隔墙分隔（图 2-36）。正堂前的凹廊空间使此区域的住居建筑外观仍旧保持鲜明的彝族住居特色，此外由于搁架多层出挑形成正堂高大宏伟的竖向空间。

图 2-33　凉山西昌彝族博物馆仿建彝族贵族正房

图 2-34　凉山美姑达则拉机家正房

图2-35 凉山美姑金曲典笃家正房

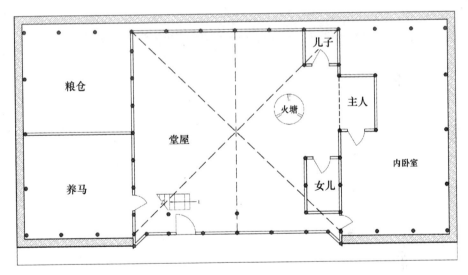

图2-36 全木构瓦板房的平面示意图

（4）温带气候区：海拔2100m以上；本区年均气温低于13.5℃，气候温凉湿润，是林业、牧业、中药材的集中产区。本区由于热量条件差，且多属寒冷山区，灾害多，农作物产量低，生产力水平不高。因此，此区域少有人居住，也只有少许的建筑，用来放置柴草或蓄养牲畜（图2-37）。

图 2-37　山顶的临时建筑

 ## 2.3　凉山温和湿润地区的彝族民居特点

2.3.1　地形与气候特点

温和湿润地区位于凉山州南部,与云南相邻,主要包括德昌县、宁南县、会东县和会理县。此区域海拔较低,在 600 ~ 3000m 之间,年均气温 17 ~ 19℃,属于亚热带季风性湿润气候;又因其在横断山脉边缘处,因此也是山势起伏,部分地区又呈亚热带山地立体气候(图 2-38),此区域也主要讲"所地"土语。

此区域多民族杂居,彝族人口较少,以宁南县为例,2005 年彝族人口占 21.73 %,汉族人口占 76.96 %,另外还有 1.14 %的布依族。这里的彝族民居受外来汉区文化影响较深,全木构瓦板房较为鲜见,但喜以家庭为单位,聚族而居。温和湿润地区汉族和彝族两族人民在历史上相互渗透的生活使得彼此在文化上有相互影响,建筑文化亦然,在民居风貌和装饰上彝族特色尤为突出。

(a) 会东县域村落   (b) 会理县域村落

(c) 宁南县域村落

图 2-38   凉山温和湿润地区风貌

2.3.2   分布的民居建筑形式

该地区属于金沙江流域，雨水丰富，汉族的砖瓦技术融入建筑中，因此少见木构瓦板房，主要以生土木构青瓦房和砖石结构青瓦房为主（图 2-39 ）。结构上多以较简单的穿斗式结构为主，甚至有的住居仅以柱檩结构承力，没有横向的穿枋。有的房屋柱子暴露于墙体外且紧靠墙，有的柱网没有紧靠墙体，与其有一定距离。基本没有采用凉山彝族住居中的搁架结构，只是在檐口下有搁架结构的局部作法。结构构件普遍单薄，墙体原为生土夯制，现多以砖砌制（图 2-40 ）。

由于结构体系上的简单，此区域民居平面较小。平面仍然有分划三间的传统平面布局痕迹保留，与传统凉山彝族三间划分不同的是，堂间与两侧间均是两层，左右两间所留空间已经很小（图 2-41 ）。入户门侧间仍主要以畜栏功能为主，相对侧间有梯子上二层，因为承二层楼板的梁同时作挑檐枋，所以二层空间很低矮，多为储存粮食的仓库。居住空间在一层仍旧保留锅庄作为聚集中心，建筑采光口除门外不设窗且门净空很矮。

(a) 青瓦房村落一览

(b) 山脚的砖石青瓦房

(c) 山腰的生土青瓦房

(d) 山脚的生土青瓦房

图 2-39　金沙江流域的民居建筑

(a) 民居透视

(b) 民居局部屋檐

图 2-40　凉山大学仿建的彝族民居效果

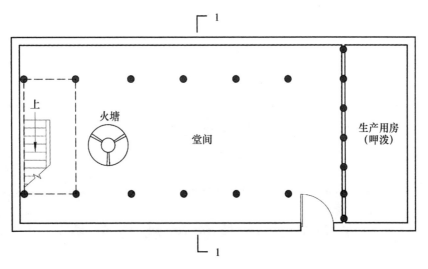

(a) 平面示意图

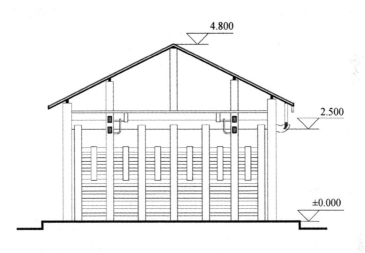

(b) 1-1剖面示意图

图 2-41　凉山大学仿建的彝族民居示意图

第3章

凉山彝族民居的选址与布局

　　建筑群体的形式形态可以很直观地反映群体人民的社会观和自然观。如新石器时代氏族社会的社会格局可以很明显地反映在当时部落聚居群落的形态布局上。

　　位于今西安市东郊浐河右岸的半坡村北，属新石器时代仰韶文化的半坡遗址，大体为南北长、东西窄的不规则圆形，中心是一座大型的近乎方形的房屋，为氏族公共活动场所，在它北面的 45 座中小型房子都面向大房屋，形成一个半月形（图 3-1）。

图 3-1　西安半坡遗址

和半坡遗址类似，陕西临潼县姜寨遗址也是一处典型的仰韶文化时期的原始村落。遗址分为居住区、窑场和墓地三个部分。居住区略呈圆形，西南临河，东、南、北三面都有人工挖成的防御性壕沟作为屏障。居住区总面积近 20000m^2，中央有面积较大的广场，为公共活动的场所，周围有 5 组建筑群，每组都以一个大型房屋为主体，大房屋周围分布十几或二十几座中小型居室，所有房屋的门均朝向广场，用于储藏食物和其他东西的窑穴分布在房子附近。

这种村落布局形态均反映的是一个组织严密的社会集团，每座房屋都是一个可以单独生活的单位，属于家庭范畴的小家庭已经是氏族组织的基本细胞，他们有着自己的社会中心（中心公共场所），而每一个小单元却是平等地存在于氏族社会中（平均分配的中小房屋）（图3-2）。

图 3-2 临潼县姜寨遗址

 ## 3.1 村落环境

凉山彝族是典型的高山民族，长期处于各个家支独立管辖的制度下，基本为自给自足的半农半牧经济模式。自然地貌对凉山彝族人民的经济生活十分重要，尤以村寨周边山、水形制最为看重。村寨周边环境使村寨选址混合

有机的自然主义色彩和防卫的社会特点，并综合发展为以下三种地理特点的村寨模式。

3.1.1 半山宜居

1. 半山面水

"巨匠颇宜呢……去平整地面……一处做成山，山上作为牧羊地；一处做成坪，坪上好放牛；一处做成沟，沟谷水流处；一处做成坝，平坝栽稻处；一处做成斜坡，斜坡种荞处；一处做成山垭，山垭打仗处；一处做成山坳，山坳人住处。"——凉山彝族史诗《勒俄特依》。

从这一段史诗我们可以看到，凉山彝族先民们把其村寨住址定于后有高山，前有河流平坝的半山山坳或半山平坝之处。彝语谚语也称村寨应位于"上边有坡养羊，下边有田种粮"的半山腰，"上面宜牧，中间宜居，下面宜农"，这是凉山地区最常见的村寨选址模式，也十分符合凉山彝族人民的生活特点。

作为半农半牧、以牧为主的经济生活，彝人主要畜养马、羊等需要以山坡上的短茎牧草为食；主要的农作物荞麦、土豆、玉米也属旱地作物，适宜种植在高山山坡上；同时，作为村寨所需的水源，寨前有河流十分重要。但需要指出的是，这种选址模式的主要用水并不是直接取用河流水作为水源，而是以源于山顶—流经半山—注入河流的沟谷水或山泉泉眼作为主要水源，也很符合《勒俄特依》诗句中提到的"沟谷"的用途。同时，尽管凉山地区因为周边几条大河年平均降水量达到 1000 毫米，但主要降水区位于安宁河流域西昌，邛海等平原区、高山地区仍以典型的高山气候为主，降水量随高度增加递减，所以这种半山村寨虽然位于山坳，但不用担心雨水聚流产生水祸。

半山村寨周围的山体河流布局有明显的特点，选址地（龙穴）背后有山（后玄武），左右有侧山（青龙白虎），下对为河（水口），正对无特别要求，可有山（前朱雀）也可无山，有山不能为秃山，虽与汉文化中房屋选址方法的阴阳风水之说无关，但凉山彝族村寨四周山川的特质隐有阴阳风水之像，而且整体格局十分像彝族生活中三锅庄形象（图 3-3）。半山村寨后要有较大山体，一是有可供依靠的"气势"，起到客观上屏障的作用；二是在其山顶或村寨后面的山坡处设置火葬场以及毕摩祭祀地，成为送祖灵、请神送鬼等宗教活动的主要场所，山体成为凉山彝族人民客观生产生活的世界与主观认为的神鬼灵界之间的连接体。村寨附近有水源，保证生活需要，同时令子孙兴旺。如有凉山彝族一家支族谱说道："远古的时候，家祖居水域，水曾拜为神，祖先有福禄，子孙也兴旺。"

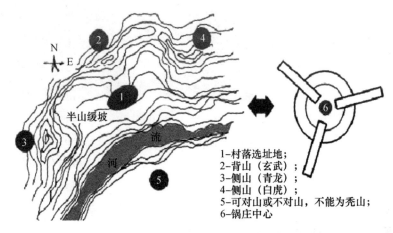

图3-3 凉山彝族半山村寨模式与锅庄之比较

十分典型的例子是雷波县城锦城镇（图3-4），雷波县城位于凉山彝族自治州东端，整体走向背西北面东南，隔金沙江与云南永善相望。雷波原民委主席阿卢黑格老先生介绍，县城古由禹贡梁州域村落发展而成，原址被认为是凉山彝族祖先古侯曲涅部族由云南进入凉山界的起点，历代在此均设重要管辖部门，是见证凉山彝族历史的重要地区。彝语称"雷波"为"呷尔莫波"，"呷尔"即锅庄之意，"莫波"为大山之意。即雷波县城后靠锦屏山，西依大旗山，东偎凤尾山，三山鼎立如三块锅庄石，雷波县城即在三山之山坳中。县城下方所对为金沙江，三山之间有大河沟及落水湖为县城水源。整体格局简直就是《勒俄特依》所提到的定居之所的活证。

凉山州另一重要村镇——美姑县巴普镇的选址也具有此种特色（图3-5）。巴普镇位于四川省凉山彝族自治州美姑县境中部。东邻合姑洛乡，南毗农作乡，西与巴古、典补乡接壤，北与拖木、觉洛、西甘萨、井叶特西乡连界。这种

和彝族人民生活用具形象相关的锅庄地势格局的村落选址特点很大程度上反映了凉山彝族人民生活观和自然观的统一。

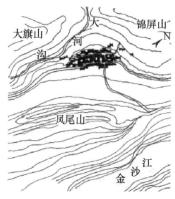

(a) 县城总平面示意图

(b) 县城锦城镇鸟瞰

图 3-4　凉山州雷波县城

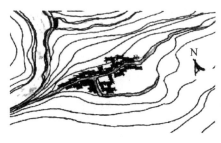

(a) 巴普镇总平面示意图

(b) 巴普镇远景

图 3-5　凉山州美姑县巴普镇

还有一点值得注意的是，这种半山村选址往往和其后所矗立的高山十分和谐地连贯一体，但与其下河流之间的关系却非常险要，几乎无法从河谷地区直接进入村寨，形成明显的断层，具有很强的防御性。这样看来，凉山彝族的社会特点也在这种村寨选址特点中得到体现。

2. 半山不面水

这种半山村寨还有一种模式，即村寨仍位于半山坝上，但无河流可对，主要的水源为地下泉水以及山涧。此种半山村寨所处半山坝地势十分险要，下有几百米高的陡崖，上有数百甚至上千米的高山，村寨位置如在半空之中。

村寨规模不大，有极强的防御功能，村寨居民农牧业均在险要的山腰上或山坳中进行。

如昭觉县哈甘乡巴姑村，走向背西北面东南，村寨位于两座大山半山腰相连的山坳处，所处地点无流经河流，以地下井水为水源，山坳处种植荞麦、玉米等旱地作物，山坡上放牧马、山羊，具有独特的高山村落特点（图3-6）。

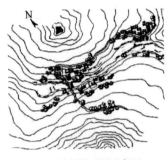

(a) 巴姑村总平面示意图   (b) 巴姑村总体鸟瞰

图3-6 凉山州昭觉县哈甘乡巴姑村

3. 小结

在半山村寨的选址模式中，凉山彝族人民的生活体系完整地纳入了周边高山河流的地理环境之中，自然融合各种生活原料和谐共生于一体。人们对生活的态度（自产自足的自然经济模式）与对社会的态度（家支械斗所产生的防卫观念）都由此得到表现。而三锅庄地势的选址特色更为凉山彝族村寨的选址方法提供了进一步的文化意识，是反映凉山彝族有机自然观念中最具代表性的村落选址方式。

3.1.2 聚顶而立

作为高山民族，凉山彝族也有将村寨选址于山顶之上的情况。对照半山村寨选址的自然格局，这种村寨所处的山头地势并不是绝对的险峻，往往会有一片较大的平缓的山坡地形，村落房屋散布其上，山顶至山坡地为居住区和种植区，缓坡的终点及缓坡的两侧为较险峻的山谷或山崖，成为村寨天然的隔断；山头至缓坡方向的对面一般较为开阔，两侧则隔以山涧以较大山体合夹或以较曲折险要地段与外界相隔，进入村寨的通道较曲折，进入后颇有

些别有洞天的感觉。

如美姑县炳途乡什格普惹村（图3-7），村址海拔2200m，位于阿米特洛大山支脉的一个山头上，村落走向背西北面东南，村落建筑散落在由山头至东南向近一千米的山坡上。村子东北侧下为大山涧，村子的地势由此十分陡峭地斜入山涧中，隔山涧东北侧为巨大连绵山体，成为村子的天然屏障；村子西北侧有一道山泉，水源由此而来，再向西北为一条盘山土路下山。据村子老人讲，土路是新中国成立后为便利交通而修成，原为极险要的一条山路，九曲而入村。从山下进入什格普惹村，重重蜿蜒转折后到达，有豁然开朗之感，给人世外桃源的印象。

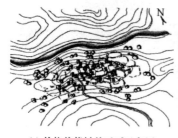

(a) 什格普惹村总平面示意图　　　　(b) 什格普惹村总体鸟瞰

图3-7　凉山州美姑县炳途乡什格普惹村

山顶村落由于所处地势较高，一定要有比较充沛的水源，因此村落周围会有山泉溪水，村落中也可打井取水。

山顶聚落的选址可称得上是半山选址的延伸，在周边地势允许的时候，半山村寨位置上移，直至山顶，但仍旧使村落整体拖至半山。而地形特点上以山坡或山脊的地势代替半山村落的山坳或半山缓坝的地势，这样可加大山顶村落辐射的范围，接受更多阳光雨水，便于农牧，同时延长村落形体，平衡在山顶小范围地块宜被围攻围困的不利条件，充分融合选址环境自然性与村落社会性的特点。

3.1.3　山水交融

在汉民族的村寨选址选择中，山水交融的地势无疑是理想的。《地理五要》指出选址主旨在于"乘生气""山属内气，水属外气""（内）气循山而至，界水而止""内外合一,不可分割"。在汉文化看来,选址的要点即在于"内外合一,不可分割",村镇选址与山水一体,因此很多传统村落乃至城镇都选址于山水交融之处。但在以上提到的两种凉山彝族村落的选址方法中,村落与山的交融十分自然而与水的联系却不那么紧密。由于考虑到村寨的防卫性,村寨场地往往与可见之大河间有较险峻的山崖所隔,大的河流被当成一种防护性的自然格局而不是生活水源来对待。这使得传统的凉山彝族村寨较少选址于山水交融之处,但出于对这种人与环境最和谐的居住模式的本能向往以及在凉山汉区汉族村落特点的影响下,凉山彝族也存在着河谷村寨。

1. 有防御依靠的高山河谷村寨

这种河谷村寨位于高山山区内较大河流的岸边,河水冲击的小块缓地上。村子背面一般仍有较大山体作为屏障,更重要的特点是周边一定在较近的范围内有共同家支的村落或聚集地可随时给予支援。因为这样的村落选址固然更方便于农作物灌溉甚至可种植水稻等水田作物,但村落的门户大开,极易在家支械斗或外来侵略中被攻击,因此必须有同家支的村落或大镇在边缘可就近支援。而村落本身规模较小,一般十几户至二三十户左右,户与户之间联系较为紧密,不似凉山彝族村落中户与户间距较远的一般特点。这是一种位于凉山彝族主要生活环境(高寒山区)中的一种有变形色彩的村寨选址,适应了自然居住模式的需要与社会居住要求。

如紧靠美姑县城的三河村(图3-8),村寨背靠黄茅埂山系西麓,面向彝

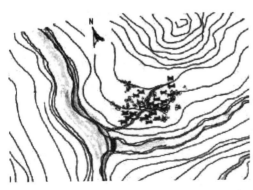 

(a) 三河村总平面示意图　　　　　　　(b) 三河村总体远眺

图3-8　凉山州美姑县三河村

车河，地势海拔 2000m。主要村址位于彝车河岸边的平地，延至山脚缓坡上，面南背北，属于典型的高山河谷村寨。历史上属曲涅系俄其和金曲家族，据美姑县志记载，1934～1952 年，俄其与布兹两家族发生长达 18 年的家支械斗，三河村一代的村民隶属势力范围在美姑县城巴普的俄其家族，为了躲避布兹家的进攻只有退入巴普，联合家支成员防御。

又如美姑县峨曲古乡炳途村（图 3-9），海拔 3722m，沿河而建，以河防卫。背后十里之内有什格普惹等村临近，是典型的高山河谷村落。

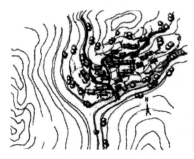

(a) 炳途村总平面示意图   (b) 炳途村总体远眺

图 3-9　凉山州美姑县峨曲古乡炳途村

2. 位于凉山中部平原地带的河谷村寨

在凉山西昌及昭觉县，由于有凉山地区较大的水系美姑河及大湖邛海的存在，有着广大的冲积性平原地区，地理位置较好，历代中央统治者在这里建立了中央管辖中心，虽然只占有了极少的凉山土地，没有真正触及到凉山事实上家支势力分割的局面，但受这小部分平原地区的地形特点尤其是受汉族移民村寨形式的影响，彝族村寨也发展了这种河谷平原村寨的选址方式。

如西昌汉彝杂居的漫水湾地区存在着很具汉化特点的河谷平原村寨，坐落于昭觉平原上的昭觉县城也是这种河谷平原村寨发展起来的模式，但还保留着凉山彝族原住民村寨的特点，如图可见县城背后仍然紧靠着较大的山体，尽管周边已是一马平川（图 3-10）。

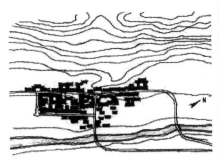
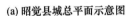

(a) 昭觉县城总平面示意图　　　　　　　　(b) 昭觉县城总体远眺

图 3-10　凉山州昭觉县城

3.2　村落选址与朝向

在所接触的村落实例与文字资料中，凉山彝族村落的朝向问题都没有显示很明确的要求，或单单提及"向阳"二字。尽管由于凉山地形复杂，为了适应环境，凉山彝族村落的朝向有各个方向的例子，但从调研的结果与对彝族民族文化特点综合来分析，根据客观事实发现凉山彝族村落在朝向选择上也有其规律之处，并反映出一定的客观唯物性和主观唯心性。

3.2.1　偏南的主朝向

凉山彝族作为半耕半牧的民族，需要在长期的生产生活过程中积累规律，各民族莫不如此。大小凉山地区的平均海拔在 2000 ～ 2500m，属于高寒山区，建筑的采光与采暖的关系十分密切。凉山山势起伏舒缓，在山峦起伏或山头河谷之间有着比较平缓的高山缓坡带，坡度在 20% 左右，因此凉山彝族多选以南向或偏南的向阳坡作为村落主朝向，这样太阳的入射角度相对加大，可以得到更多的阳光和温度，同样也满足对作物的日照、降雨量等自然条件要求及建筑采光的需要。同时由于凉山地区山体绵延，彼此距离较近，所以村落主朝向对面无山或主朝向侧向有山，以免大山的影子过早将村落的日照遮住，可以说这种符合自然客观规律的村落朝向选择方式反映了凉山彝族生活观中的客观唯物性。

3.2.2 偏东的土朝向

在对凉山彝族村落的考察过程中，尽管有主朝向为各方向的例子，但东南朝向有较多实例（表3-1）。

表3-1 凉山彝族村落主朝向分类一览表

朝向	代表村落	代表村落总平面示意图
东南方	雷波县城	
	美姑县炳途村	
	昭觉县城	

朝向	代表村落	代表村落总平面示意图
南方	美姑县三河村	
东北方	昭觉县支尔莫村	
北方	美姑县巴普镇	

　　通过对当地人询问，也有村落偏东的说法，但无确切理由，其实主朝向偏东不是完全符合生活舒适度的客观条件，偏东会产生早晨东晒以及一天内光照总时间较少的缺点。受与自然融合的自然观影响，凉山彝族人民应该会考虑到这些问题。但为什么又确实出现了这种村落主朝向偏东南的现象呢？

通过从凉山诺苏的民族文化特点入手分析这一问题，得到以下观点：凉山彝族谚语称"诺苏起于东方，迁徙向西方"，东方，对于凉山彝族人来说是一个与其族源有关的方向。

同时需要指出的是，尽管由于生活环境的复杂性，凉山彝族村落的朝向往往不能完全形成正南或正东南的朝向，但是，总体而言主朝向较少向西。不仅是因为采光少且高山地区西晒强烈的问题，更因为凉山彝族人认为西向不吉，主家中人丁凋零，家中不吉，这从侧面反映了东南朝向的优势。

3.2.3 村落选址小结

居民选址时村落要背山，后山不仅可以保护村落避免洪水和泥石流的危害，也可以长时间享受温暖的阳光。其次，村落的前面或者左右有条河水或小溪也好，说明水源丰富。村落四周还有茂盛的森林更不用说是为上佳的选址。综合起来共同的规律是：一、靠山；二、近水；三、近耕地。

从以上对凉山彝族村落选址特点的分析看来，凉山彝族村落的选址在充分考虑融合自然环境的基础上，与其生活模式、社会活动模式有很大关联。既反映其有机的自然生态观念，如靠山种植高山作物，村落融于山川中，适应高山地区的生产生活用地特点；同时也暴露了彝族生活特点的限制以及宗教信仰等主观因素对村落选址的决定性，如村寨面水而不亲水，选址朝向偏东南等等现象（表3-2）。

表3-2 凉山彝族村落选址分类一览表

村寨选址模式	代表地	代表地总平面示意图	代表地照片	代表地特点
半山村寨	半山面水	雷波县锦城镇		周环三山呈锅庄形，面对金沙江，位于半山缓坡

续表

村寨选址模式		代表地	代表地总平面示意图	代表地照片	代表地特点
半山村寨	半山不面水	昭觉哈甘乡巴姑村			位于两山所夹半山山坳处
	山顶村寨	美姑什格普惹村			两侧夹大山，并以深涧隔断，位于山顶缓坡上
河谷村寨	高山河谷	美姑三河村			位于高山河谷处，背靠高山，面临溜简河
	平原河从	昭觉县城			位于凉山，昭觉坝子，后有远山，前有美姑河

 # 3.3 村落布局及空间序列

凉山彝族村寨建筑的布局主要的是针对村寨内建筑的分布和格局特点，由于建筑的人为性，所以村寨布局更多的反映了凉山彝族的民族主观文化特点。在凉山彝族村寨建筑的各种布局类型中，都体现了由主观性而产生的各种"势"观念。这里借用了围棋的一句术语，布局就是布"势"。

3.3.1 独立式布局

1. 布局特点

围棋中"势"的组成单位是单子，一个单独的棋子可以左右一个范围内的控制局势。如果将凉山彝族村寨看做棋盘，其中建筑布局也有棋子这样的特点。不似汉区或其他民族村落，村内各家房屋鳞次栉比形成建筑群落，并在建筑群体之外产生村寨中的道路、广场等。凉山彝族村寨建筑布局有以下特点：

① 在凉山彝族村寨的建筑布局中，基本上每一间住屋院落都占据自己的一块地域范围，散布在村寨中，彼此之间有较远的距离，由十数米到数十米乃至近百米内无临近房屋院落，从而每一家或几家成为棋盘中的一粒单子（图3-11）。

图3-11 凉山彝族各自独立的民居

② 由于建筑布局散落，村寨里的道路、场地不是由建筑群落的边界限定而成。相反，成为连接串联这些独立建筑院落的脉络，交通系统比较复杂，道路分级较多，主要道路在村寨建筑中穿插而过，并且产生多条分支，甚至分布融合进每一家周边的农田里（图 3-12）。村寨中往往会有一块较大平坝，不一定在村寨正中心，作为村民大型公共生活的场所，将表面散落的各家院落形成不规则的聚合之势（图 3-13）。

图 3-12　彝族民居融入周围农田

图 3-13　昭觉巴姑村内中心的场坝

③虽然彼此有较大间隔，但每一个住屋院落都牢牢地把握一定的区域范围，占据此区域地势。如村寨入口道路较曲折，在真正入口处一般会有院落占据较高处把握住入口地势，便于掌握入口的控制权；在村寨中部，随地形变化有不同的房屋院落占据道路周边，形成自己家的势力范围（图3-14）；还有在远离村寨主区的角落（一般地势险要，如崖上、陡坎处）出现单户，独倚险势（图3-15）。

图3-14　彝族民居沿道路划出范围

图3-15　昭觉巴姑村倚险势之独户

四处散布、独家独院成为凉山彝族村寨建筑布局中的鲜明特征。在文章提及的村落中基本都有这样的例子。如昭觉县古里区的支尔莫村、尔主村；昭觉县哈甘乡的巴姑村；美姑县峨曲古乡的炳途村等等。

2. 产生这种布局的原因

（1）凉山彝人的生产方式

以农牧业为主的生产特点与低效率的生产力产生矛盾，生产效率低必定造成农牧业用地资源极快耗尽而生产产品量不足。为了在这种低效率作业的条件下生存，每家需要自家可供消耗的土地，必然会出现住户分散以保证其拥有土地的面积。事实也是如此，凉山彝族每一家周边都是以自家田地环绕，如果占有缓坡地势，还会占有大量的自然牧草。凉山彝族有搬家的习惯，其中原因之一也有周边土地开垦贫瘠后无力保养，只好搬迁的缘故。

（2）凉山彝人的生活习惯

凉山彝族家庭没有世代同堂的传统，子女成人后都要离家出去单过，父母年老后由最小儿子赡养。这样看来凉山彝族家庭更为看重个人的家庭概念，因此彼此独立性较强。同时，凉山彝族有种类繁杂的生活禁忌，甚至每家的忌讳都不一样，彼此房屋距离过近会容易有意无意相互触及对方的家庭禁忌而产生矛盾，即使是亲戚也不能忍受，结果或搬家或请毕摩作法诅咒驱邪从而破坏彼此关系。所以各自独立有助于保护自家的"气势"不为外界干扰。再有，凉山彝族的祖灵观念认为自家祖灵可变好也可变坏，好的家灵会保佑全家，坏的家灵会侵扰自家乃至左右邻居，为了防止别家祖灵侵扰而自家祖灵全心庇护自家，各家之间保有一定距离。

（3）凉山彝族的社会生活特点

不断发生的"打冤家"战事会危及每一个家支村寨的安全，作为防御的布局，各家保持一定距离占有村寨内各处要地，可在防卫过程中始终控制多点的局势，敌人攻进村寨后也会遭受到内部各方的攻击（图3-16）。每家把握了各家地域范围的"势"就可在各个小范围内取得战略优势，总体立于不败之地。

这种布局方式归根结底还是建立在凉山彝族人民心中"以家为本"的思想之上，家作为承担彝族人民各种生活的建筑载体，使得凉山彝族村寨的建筑布局出现了各自独立的基本特征。

图 3-16　彝族住居占据村落各处要地

3.3.2　断裂式布局

　　尽管凉山彝族各家房屋院落作为个体相互独立，但作为村寨整体而言是一体的，在外部条件的各种作用下形成其他的村寨建筑布局方式，如断裂式布局。

　　断裂式布局的主要特点是一个村落根据地势的不同分裂为两个甚至三个部分，各占其势，从村寨整体看来各部分相互呼应，形成互为犄角之"势"。如前面提到的昭觉县巴姑村，所处之地为两座大山的半山山坳处，由于两侧山体本身成为村寨围合屏障，山坳的前后山口成为村寨围合的关键。因此，巴姑村一分为二，两部分间隔约 400 ～ 500m（图 3-17），中间有主要道路相连。东侧占山口之势控制入口区域，西侧占山坳尾部，作为整个村寨的倚靠，成后盾之势。两侧山体半山缓坡为牧牛、马、羊的牧区，中部集中为村庄的种植地，各家房屋院落散布在中部农田边缘蔓延发展，村寨整体前后呼应，各司其"势"，是典型的断裂式布局。

图 3-17　昭觉县哈甘乡巴姑村的断裂式布局

凉山彝族村寨中出现断裂式的建筑布局是因为：一方面，通过对自然地形的适应而产生，如有河流山体的分隔，由山谷、山坳的不同特点造成村寨布局必须适应环境以最大限度开发其经济价值；另一方面，作为战略布局，这种布局方式能够集中力量控制几点地势，控制几点之"势"，即可控制全局。

3.3.3 竹茎竹节式布局

1. 布局特点

如果我们再把观察范围扩大以广义的概念出发，把每一个村寨也看做一个个建筑单体，我们发现，宏观上一定地域内凉山彝族村寨的布局方式竟和一个单独的彝族村寨中建筑布局方式十分相似：各个村寨独立分散有一定间距；村寨间以一定有形的脉络（道路）相连，无形的脉络（同家支血缘）融合；各个村寨各司其势，共同控制并融入整个环境。可以说是一种由凉山彝族的自然观（万物有灵，人物共存）、社会观（和生活各方面千丝万缕相连的家支制度与家支血缘）共同作用下产生的结果。

如位于昭觉县古里区的古里村、且莫村、苏巴古村、支尔莫村位于古里拉达向斜处，散布于长 15km，宽 10km 的峡谷半山腰中。各寨均为沙马土司家支，相互间由环绕峡谷的一条主路联系连成一系列。其中支尔莫村与古里村占据整体的头尾，隔大峡谷遥遥对望，互为呼应，遏制峡谷谷口地势（图 3-18）。昭

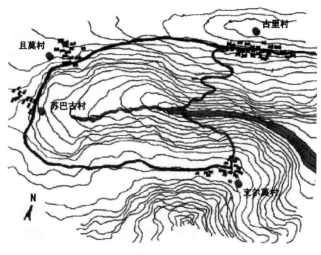

图 3-18 昭觉古里——支尔莫村落系统

觉与美姑交接的哈甘区，日哈梁子一线分布普尔村、巴姑村、吉姑村、尔主村属俄依家支；美姑县城及其周边以黄茅埂西麓一线相连的巴普、三河、峨普、基伟等村同属俄其家支等等（图3-19），彼此关系也很符合这种有机的布局特点。

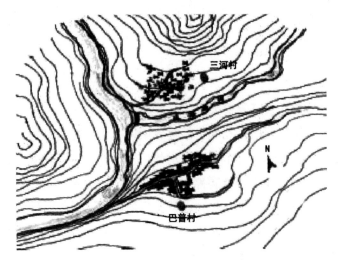

图3-19　美姑三河村——巴普镇村落系统

2. 竹茎竹节式的布局之势

凉山彝族有传统上的竹崇拜，竹崇拜是一种图腾崇拜，与其他图腾崇拜不同的是凉山彝族人民以竹为祖。因而，对于村落总体布局而言，上述村落布局的例子也可用竹茎竹节式的"势"形象加以解释。我们可把其总的布局形式看做以山脉为竹茎，家支中各寨为竹节，竹节处人们聚居繁衍，以示竹节处抽枝长叶内涵，期待家支中人丁发达（图3-20）。

凉山彝族村寨布局宏观上形成暗示家支繁衍的竹茎竹节之势，这是一种对家支制度的物化描述的生动例子。竹茎为主脉不断自然生长，又不断自然成节，不断发芽抽枝；各竹节虽彼此独立成段，但又同附于一根竹茎上，很符合上述凉山彝族人民万物有机生长的自然观和家族血脉相连的社会观。

学者郭东风也提出了彝族村寨"葫芦蔓藤"式的布局概念，原因是云南彝族史诗《梅葛》中提及由一脉而承的葫芦蔓藤上所结的葫芦中最早分出了两兄妹成为后世人类的始祖。这种分析方法当与以上"竹茎竹节"式布局的分析方法殊途同归，但对于凉山彝族而言，"竹茎竹节"式布局更与凉山彝族文化相符合。

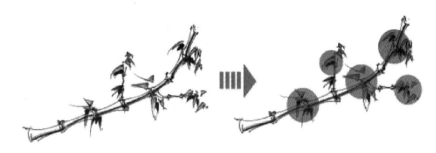

图 3-20　凉山彝族村寨系统的竹茎竹节之"势"

3.3.4　村落布局小结

凉山彝族村落中建筑布局乃至上升到宏观上凉山彝族多个村落的总体布局均反映了"势"的观念。尽管在表面上各个单体是分散的，但其中存在着外在客观上与内在主观上的串联脉络，并最终归根于凉山彝族血脉相连的家支观念。如竹茎竹节的"势"观念很好地诠释了这一特点，使得无论凉山彝族村落中的建筑还是村落个体的布局都"个"取其"势"，"总"取其"整"，达到有机的统一。

　3.4　村落的构成元素

3.4.1　构成要素——院落

村落，主要指大的聚落或多个聚落形成的群体，常用作现代意义上的人口集中分布的区域。因此，村落的主体是人，而人们的居住场所——院落，自然是村落的主要构成元素。以院落为基本单位进行群体组合，是我国民居建筑的一个共同特征。它创造了人们自由交流的平台，形成了或大或小的共享空间，为邻里关系的自然生长提供了场所。可见，院落空间是居住空间人本精神的体现。

和很多民居一样，凉山彝族民居院落不仅有居住功能，还有集会、晾晒、畜养等多种功能，因此，院落也是由很多细胞构成的。

1. 正房

正房，作为凉山彝族民居院落的细胞核，是家庭成员的日常作息活动的主要空间。其特点主要为：

① 由于凉山彝族生活上的独立性，各家子女成人后均分出单独生活，房屋承担的人口压力较小，所以正房的体量一般不大，平常人家大多为 9m×6m 左右的长方形单层悬山坡顶房，房子层高一般约为 5m。内室划分为堂间及左右侧间三部分，由于层高较高的原因左右侧间一般可在竖向上划分夹层空间（图 3-21）；堂间的格局较为简单，为通高空间（图 3-22）。少数诺合和兹莫住家院落中的正房体量较大：房屋平面长宽一般达 15m×9m，高度可达 6～7m。凉山州西昌彝族博物馆留有一栋完全仿照美姑一位诺合民居修建的凉山彝族住屋，正房长宽为 16.5m×10.5m。美姑什格普惹村现存一栋诺伙住屋正房长宽达 19.8m×9.5m。而据介绍这样的规模只是中等人家的规模，很多较大的住居已被拆除。

图 3-21　竖向划分夹层　　　　图 3-22　正房堂间通高

② 正房结构以木梁柱穿枋榫卯结构为主，也有草房、井干式及夯土承重墙结构的形制。一般人家围以夯土墙体，墙体垂直于地面，无收分（图 3-23）。

部分兹莫诺伙与富裕曲诺家正房以木质板墙夹夯筑生土墙为房屋墙体，以独特的搁架结构为房屋骨架，制作工艺十分精美（图3-24）。

图 3-23　一般人家的夯土墙体民居　　　图 3-24　凉山彝族独特的搁架结构

③ 正房被院墙围绕于四周，与院墙无联系，也有院墙后墙与正房后墙合一的情况（图3-25、图3-26）。

图 3-25　住居正房被院墙环绕　　　图 3-26　住居后墙与院墙组成院落

④ 正房空间内集中了家人的全部家居、活动，同时也是家支人员的聚集场所，一些诺合家支头人就在家中火塘召开家支会议（图3-27）。

⑤ 房屋屋面十分特别，在檩上搭人工砍削而成的杉木板做瓦，称为"瓦板"，上压石块固定（图3-28）。

⑥ 凉山彝族住居院落中，正房还兼有牲圈和粮仓的功能。凉山彝人的经济生活是以牧为主的半农牧生产，因此十分看重自家畜养的家畜，家畜的数

量象征着主人财富的多少；同时，凉山彝族的众多祭祀活动均要宰杀祭牲。由于凉山地区的高寒山地立体气候，历史上大多数的凉山彝人出于对家畜的保护，一般将正房靠入户门一侧的侧间的下层作为牲圈，将家畜混合关于其内，以保护其夜晚不受冻；同时，牲畜的体温也可起"生物暖气"的作用，提高室内温度，十分生态。正房左右侧间夹层的上层有粮仓的功能，大量堆放着凉山彝族人民的主食土豆、荞麦等，其他一些粮食则放于正厅的粮柜里（图3-29）。

图3-27　凉山彝人围坐火塘　　　图3-28　凉山彝族住居的"瓦板"屋面

图3-29　凉山彝族住居的储藏空间

在凉山彝族的住居院落中，正房的房屋结构精巧，代表了凉山彝族建筑技术的最高成就。除居住功能外，房内各种社会活动也丰富多样，体现了凉山彝族住居功能上的社会性。历史上人畜共室及粮仓空间的划分成为其居住现象的一大特点，一方面是凉山彝族人民在严酷自然条件的限定和较低生产力水平的局限下的不得之举，一方面也反映了对生产资料及自然资料的一种尊重与关爱，一种朴素的共生观念。

2. 厢房

在一般的凉山彝族住居院落中较少出现厢房，多为一字式院落。不过在一些兹莫或诺合，甚至富裕的曲诺家的院子中会在正房两侧修建厢房形成三合院的院落形式。这种"厢房"的特点主要为：

① 除了有些兹莫作为土司，其院落有汉族院落的特点，厢房有住人的功能，大多院落中两侧的厢房主要作用有二：一是堆放柴草及粮食（图 3-30）；二是作为更多家畜的牲圈，经常饲养大群山羊、猪、牛等。

图 3-30 厢房堆放柴草

② 厢房的层高较低，一般为 3m 左右，平面一般为 3m×5m 的长方形，形制简单，但基本和正房一样大多为木结构加生土墙体的结构（图 3-31）。

③ 厢房均为单层，厢房与正房内部空间没有连通，多形成各自独立的三合院，但有一些厢房山墙抵住正房，与正房部分墙体重合，内部仍不连通。就文章所提及的所有考察地点均未出现厢房与正房连通而形成贯通空间的例子。但通过走访，一些凉山彝族老人介绍原有一些诺合家有正房厢房内部贯

通的形式，而一些兹莫土司的家院受汉式院落的影响也有相似格局，但由于凉山彝族土司衙门大多被毁，所以均未见实例。

图 3-31　厢房层高较低

在出现厢房的凉山彝族三合院中，厢房更多的是作为放置生产资料的场地及饲养家畜的畜圈，其作为人居所的功能较少反映。从这一点看来，这种厢房只是占据了传统意义上厢房的位置，更可以称之为凉山住居院落中的辅助房屋形式，而不具普通意义上辅助住所的厢房概念。

3. 碉楼

凉山彝族社会生活中的军事性特点在其住居院落中得到充分体现，尤以夯土碉楼为主要防卫构筑物。碉楼的形式在一些民族建筑中均有出现，如羌族石碉及藏族丹巴石碉等等。

凉山彝族碉楼楼身均为夯土而制，一般出现在住居院落的角部。平民家大都在院落前角构筑一个碉楼，富裕的兹莫及诺合贵族在院落四角都设立碉楼。碉楼的形式比较统一，按照碉楼楼顶的形制可分为坡碉与平碉两种。

（1）坡碉

① 高度：现存坡碉一般为二层碉楼，也有一层或三层的。每层高度约为 2.5～3.0m 左右，底部一层稍高（图 3-32）。另外还有一种碉楼，底部为 4m 左右的石砌基底，不能进人，其上再建两层的土碉，必须搭梯子才能进入一层（图 3-33）。

图 3-32 凉山彝族不同大小的坡碉

②平面：平面近似正方形，大小由碉楼的高度不同而不同。经测绘分析，一般单层碉楼约为 3m×3m 见方；两层高的碉楼大约为 3.6m×3.6m 见方；三层碉楼现存较少，根据凉山彝族博物馆仿制碉楼的尺寸约为 4.2m×4.2m 见方。据了解，凉山布拖县依莫区还现存一座较少见的圆形碉楼，但到达后发现已被拆除，根据介绍约为直径 4m 左右的三层碉楼（图 3-34）。

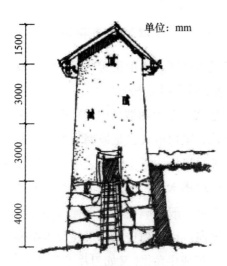

图 3-33 石砌基底的坡碉

图 3-34 圆形坡碉示意图

③墙体：碉楼有强烈的军事防卫性，要求碉楼的墙体十分坚固。因此，与院墙一样，其围合墙体为板筑土墙，并且夯筑得更加坚固，墙体厚度可达40～50cm。同时碉楼墙体由基底至屋顶略有收分以增强碉楼的稳定度，收分角度约为2°～3°左右（图3-35）。由于墙体收分的缘故，在墙体夯筑过程中模板向上每隔一段要向内部收入5cm左右直至屋顶，这样经过多重工序夯筑而成的碉楼墙体有令人惊讶的坚固性。据了解，新中国成立前国民党军队进入凉山地区与当地彝族人民发生战事，炮弹都不能将碉楼炸塌，可见其坚固性惊人。同时，墙体上分布着三角形或方形的射击孔，射击孔内小外大，易于碉楼内的防守射击（图3-36）。

图3-35　彝族坡碉收分情况

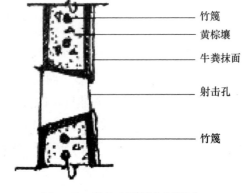

竹篾
黄棕壤
牛粪抹面

射击孔

竹篾

图3-36　彝族土碉射击口图示

此外，在越西县还发现有砖墙砌成的碉楼，建于正房两侧，形体较土墙式碉楼大，不仅可作瞭望，还可以作储藏间使用（图3-37）。

④屋顶：即碉楼顶，多为坡屋顶形式。多为两坡悬山屋顶形式，也有单坡屋顶形式，单坡屋顶一般坡向院落外。屋顶形式也是坡碉与平碉最显而易见的区分特点。碉楼为墙承重体系，各层楼板均搭于墙体之中，坡碉顶部将木梁搭至夯土墙顶端再于其上垂直于木梁搭木条，混以湿泥牛粪作为粘合剂固定，最上以木瓦板做屋面瓦成顶。木梁一般在碉楼屋檐下伸出并与类似汉族民居屋檐下瓜柱的结构形式穿插，横向再以木枋连接，瓜柱及木枋榫卯口雕刻为倒置的竹节状，木梁伸出瓜柱部分形成牛角拱（又如刀片）形式（图3-38、图3-39）。

图 3-37　越西县可做储藏间的砖砌碉楼

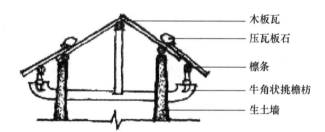

　　　　　　　　　　　　木板瓦
　　　　　　　　　　　　压瓦板石
　　　　　　　　　　　　檩条
　　　　　　　　　　　　牛角状挑檐枋
　　　　　　　　　　　　生土墙

图 3-38　坡碉屋顶剖面图示

图 3-39　坡碉屋顶实景

（2）平碉

① 高度：平碉一般为单层，高度较低，大概为 4.5～5m 左右。

② 平面：平面面积较小，大多为 3m×3m 左右。平碉现在也有畜圈的作用，不似坡碉有较纯粹的军事堡垒作用。

③ 墙体：与坡碉一样有很强的坚固性。不同的是墙体收分比坡碉小（图3-40）。

④ 屋顶：平碉的结构一样是墙承重体系，平碉屋顶以搭在墙上的圆木为梁，同样以湿泥牛粪以及树枝混合粘合形成平屋顶（图3-41）。平碉屋顶探出墙体形成滴水以排水。由于平碉层数较低，凉山彝族人家以平碉顶做晒场晒粮食，同时屋檐下挂玉米、辣椒等作物（图3-42）。

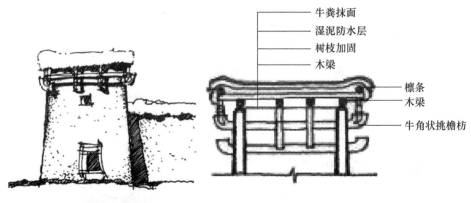

图 3-40　平碉立面图示　　　　图 3-41　平碉屋顶剖面图示

图 3-42　平碉屋顶及檐口都可晾晒农作物

凉山彝族坡碉与平碉都有很强的军事防御性，但比较而言，平碉在功能上同时更强调了其生产生活的意义，含义更为丰富（图3-43）。

图 3-43　碉楼作杂物间使用

（3）凉山彝族碉楼的象征意义

碉楼作为凉山彝族住居中的最高构筑物类型，同时也左右着人们的等级观念。一般碉楼的高度越高代表主人家的地位越高，但更重要的是凉山彝族各家更注重各家碉楼的整体形象。有资料显示，新中国成立前布拖县各村寨高碉林立，作为整个家支村系的实力象征，强调各村寨各自的不可侵犯性。在家支械斗中，碉楼成为防守一方维系其家支存亡的精神支点。《美姑县志》记载："1934—1952年，境内俄其、布兹两家发生长达18年的家支械斗……1942年12月，俄其家组织5000人的庞大队伍，兵分三路，采取两面夹击，正面突破的战术进攻今八古乡布兹家。布兹家仓促应战，凭借碉楼据险而守，战斗持续一天一夜，终以俄其家撤退停火。"碉楼的存在为家支的生存提供了物质和精神上的意义，不仅是凉山彝族家支防卫构筑物的制高点，同时也是象征着家支存在的制高点（图3-44）。

4. 院墙

为了抵御高寒山区山风侵入以及为了凉山彝族住居普遍存在的军事防卫性需要，住居院落墙体较厚，一般环绕正房形成一个四方的院子。院墙一般

高约 3m 以上，墙顶以松枝柴草混合黏土压顶（图 3-45）；也有以瓦片压顶的
形式（图 3-46）；大多为平顶墙形式，也有由高到低依次跌落的类似骑头墙形
式的造型，比较独特（图 3-47）。

图 3-44　土碉是彝族院落的制高点

（a）　　　　　　　　　　　（b）

（c）　　　　　　　　　　　（d）

图 3-45　草顶式院墙

图 3-46　瓦顶式院墙　　　　图 3-47　凉山似骑头墙形式的墙体

凉山土地资源中，占据 50% 以上的土壤类型为黄棕壤及酸性紫色土，并且这两种土壤主要分布在海拔 1500 ~ 2500m 的中山地区，这里恰好也是凉山彝族人民集中生活的区域。两种土壤均为耕层质地中壤——中黏质土，与水混合后较具黏性且水分蒸发后土质成形性很好。因此，凉山彝族人民很早就利用这种得天独厚的土地资源建造墙体。凉山彝族住居墙体结构有独特的夯筑技术，主要采取板筑加筋技术，具体做法为：

一般以 2m×0.5m×0.5m 的长方体木模作为夯筑模板，这样墙体的厚度可达 350cm 左右。夯筑过程中模板层层相叠以筑起墙体，中间填以生土和水并按一定长度混入木杆木条或竹条。墙料除生土外加以石块，一般越靠基底石块比例越大，下部土石比约为 3 : 2，到墙体上面以后逐渐以生土为主（图 3-48）。此外，在墙体转角处以有韧性的竹条连接两面墙体，增加墙体各面的结合性。每一层模板相互连接，三层为一段，每夯一段需停工半天并在上压石块以使填入生土充分粘合干燥成型（图 3-49）。墙顶覆盖松枝柴草，并以黏土堆上压顶。传说中青松有驱邪的作用。

这样的方法夯筑的土墙非常坚固，生土中混入石块和竹筋木杆的做法更与现代的钢筋混凝土做法神似。这种加筋夯土墙在其他地区也有出现，如汉代长城甘陕一线，以黄土混合圆木作巨大守护墙体。而凉山彝族人民在这样艰苦的环境下用他们的智慧创造了土质的"钢筋混凝土"材质（图3-50）。

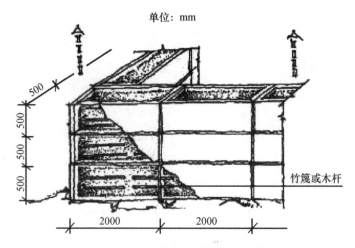

单位：mm

竹篾或木杆

图 3-48　凉山彝族民居院墙夯筑图示

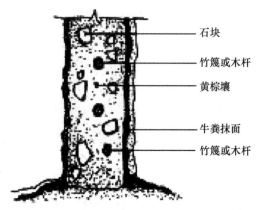

石块

竹篾或木杆

黄棕壤

牛粪抹面

竹篾或木杆

图 3-49　凉山彝族民居院墙构造图示

图 3-50　院墙材料质感

3.4.2　院落的结构

　　凉山彝族的住居院落由上述几种主要的组成元素组合而成多种院落形式，虽然形制不尽相同，但都有一定相通的组织脉络，由简而繁，由一般到特殊。

1. 一字式院落

　　一字式院落是凉山彝族民居院落中最普遍、最简单、最基本的院落形式。历史上大多数凉山彝族如成家的阿加及部分贫穷曲诺家的典型住宅院落。

（1）简洁的一字式院落

① 组合形式：主要组成元素为正房和院墙，正房四周以院墙环绕，院落形式大致为四边形，一般为 12m×10m 见方。院门大多在侧院墙一侧设置，有的院子在院墙转角处设一平台，上面放置木板以做粮食晒台。

② 空间特点：一字式院落有着凉山彝族各种院落形式中最基本的空间特点。

院墙主要是环绕正房的，不与正房墙体发生直接结合，也有部分院墙结合正房墙体形成院落。在凉山彝族的空间观念中，住居院落整体成为家庭的总体，院墙是整个家庭最外层的保护体，房屋墙体只相当于"内墙"，内外之分比较明显，一般情况下院墙与房屋墙体的分离更加强了这一观点（图 3-51、图 3-52）。

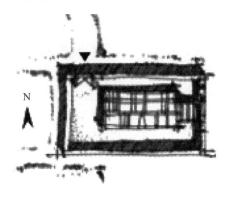 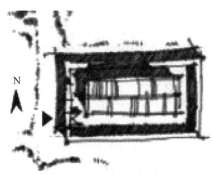

图 3-51　一字式院落总平面（1）　　图 3-52　一字式院落总平面（2）

院墙围成的四方院落空间由正房划分为前后两院。前院较后院稍大。院门设置较偏，前院空间显得封闭狭长。前院集中了较多的活动内容——如家猪家禽的饲养槽均在前院，也有牛羊等家畜的落脚地，但一般大型牲畜晚间进入正房休憩。前院同时是收集家畜粪便的场所，作为农田的肥料供给源。相对而言后院没有更多的功能，且打扫的比较干净，有时前后院之间由正房山墙侧加建的隔墙分离。

为了防风保暖，正对正房门户的院墙在中间开门的较少，院门大多开在院墙两边部分，或者开在两边侧墙，甚至有在院后墙设院门的（图 3-53、图 3-54）。

图 3-53　院墙两边开门　　　　　　　　图 3-54　院墙侧边开门

（2）带碉楼的一字式院落

① 组合形式：主要组成部分为正房、院墙和碉楼。同样，院落平面为长方形，面积较简单的一字式院落大，约为 15m×10m 见方。院墙围绕正房修筑，正房划院落为二。碉楼与院墙相结合，一般位于正房前左侧或右侧院墙转角处；也有两边都有碉楼，甚至院墙四角都修筑碉楼的例子。就现存实例来看，碉楼与正房之间没有连通的例子，但以所收集资料记载，有碉楼同正房相通的情况，但具体方式不详。

② 空间特点：带碉楼一字式院落同样带有普通一字式院落的空间特点，同时，由于院落中碉楼元素的出现，前院空间变得更为狭小，前院的家畜饲养场地若不够时一般可在正房山墙与院墙间搭建棚厦作为补充场地，但与正房不相通（表 3-3）。同时，院门位置一般以碉楼为依靠，基本不会在正面院墙上开门，多位于侧面院墙与碉楼的交接处。

带碉楼一字式院落历史上是凉山彝族大多数曲诺家与少数诺合家的院落形式。由于历史上在凉山彝族社会中，曲诺等级虽处于中间等级，但是其人口数量占据整体人口的 50% 以上，在凉山家支社会中占有重要的地位，贵族兹莫或诺合家支的实力往往由其统治下的各个曲诺家支势力来反映。由此，在生产活动及社会活动中，尤以家支械斗的冲突中，曲诺人家成为力量的主体。这样，碉楼等明显的带有军事色彩的构筑物成为住居院落空间组织的特点，带有碉楼的院落也成为曲诺人家主要的院落模式。

表3-3 凉山巴姑村带碉楼一字式院落一览表

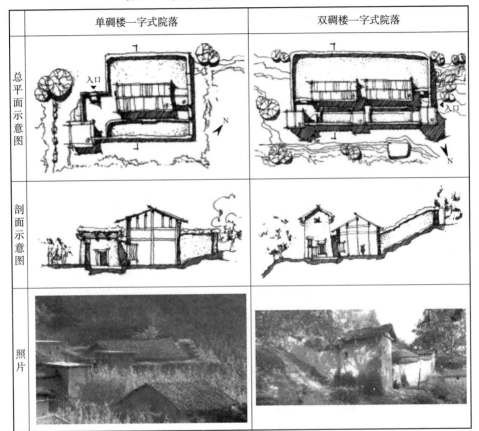

	单碉楼一字式院落	双碉楼一字式院落
总平面示意图		
剖面示意图		
照片		

2. 三合院式院落

三合院式院落主要组成部分为正房、两侧厢房、院墙及碉楼。正房位于院落中间将院落划分为前大后小的两个院子。平面仍为长方形，由于现存此等规模院落较少，以什格普惹村诺合色培果加家院落尺寸为例，约为26m×18m，其中前院进深与正房高度大概为1：1。前院正房两侧由木构架围以生土墙或木板墙建形制简单的单层厢房（图3-55）。在所见实例中厢房与正房没有相通的情况。厢房附于院墙上，向院内方向敞开，一般作为牲圈及柴草房，院落转角有碉楼，数目为一、二、四不等。

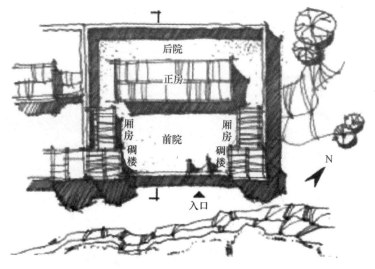

(a) 总平面示意图

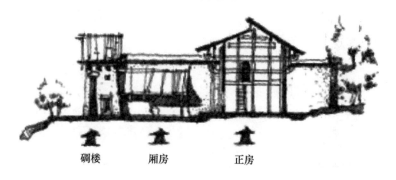

(b) 剖面示意图

图 3-55　凉山州美姑色培果加家院落

由于厢房的出现院落前院的尺度明显加大，厢房的功能着重于饲养家畜，院落空间可成为家人活动的主要场所。尤其是在家祭的时候，前院成为祭祀的主要场地，另外过年过节或家人生病等被认为需要由毕摩祭祀时，仪式也多在前院中进行。同样的，厢房的出现使这种院落的院门无法在院落侧面设置而一般在正面院墙与碉楼或厢房相连处开设（图3-56），同时需要保证院墙在正房对面有足够长度以遮挡院落（图3-57）。

图 3-56　院门在院墙与厢房相连处　　　图 3-57　色培果加家院落空间

历史上带简单厢房的三合院落是大多诺合家或部分富裕的曲诺家的家居院落形式，根据对这种院落的分析可以看到明显比前两种院落更为进步。一方面由于物质与地位上的差异，诺合阶层的这种院落已经有意识地将院落各组成部分划了功能。碉楼的数目比简单的曲诺家院落有所增加，一般四角都有。另一方面，客观上院落空间的增大与主观上宗教信仰的需求使院落本身加强了仪式场的功能，更加突出了民族文化特点，是一种较为高级的凉山彝族住居院落。同时从厢房的功能推导，这样的三合院落仍然是处于比较初级的合院系统。从凉山彝族住居院落的各种形态来看，我们可以看到其历史上院落发展由低级到高级的脉络。

3. 仿"一颗印"式院落

"一颗印"式民居主要分布于云南昆明、玉溪一带的平坝地区。在靠近云南的地区民居也有类似这种形式的住居院落。平面由正房及厢房（耳房）组成"三间四耳"或正房、厢房、倒座组成"三间四耳倒八尺"（八尺指倒座进深有八尺），瓦顶、土墙、平面和外观方方正正如印，故称"一颗印"（图 3-58）。

仿"一颗印"式院落有几个不同于其他合院式院落的特点：

① 正房屋顶比厢房高，厢房比倒座高，造型具有退台效果；厢房屋顶为不对称的硬山式，分长短坡，长坡坡向内院，短坡坡向墙外（图 3-59）。

② 各层屋面均不互相交接，正房屋面高，厢房上层屋面正好插入正房的上下层屋面间隙中，厢房下层屋面在正房下层屋面之下，无斜沟，减少屋顶漏雨的薄弱环节（图 3-60）。

0 1 2 3 4 5m

(a) 外观示意图 (b) 剖面示意图

卧室　卧室

堂

厨房

厨房　猪房

天井

(c) 底层平面示意图

卧室　祖堂　卧室

天井

贮藏

贮藏

贮藏

(d) 楼层平面示意图

图 3-58　仿"一颗印"式彝族瓦房的外观、剖面和平面示意图

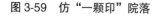

图 3-59　仿"一颗印"院落　　　　图 3-60　厢房屋面插入正房上下屋面间隙

③ 由于所有房间均朝向内院采光通风，外墙多不开窗（只在正立面厢房二层左右各开一小窗），使得户与户之间可横向相连成一体，适合于用地紧张、气候温和的地区（图 3-61、图 3-62）。

结合研究、调查来看，"一颗印"是由土掌房围合封闭的平面形式在与坡顶建筑结合过程中，考虑了采光、日照、通风、防风、气温等诸因素，同时吸收了汉式民居的特点而形成的。

图 3-61　美姑县瓦古乡古觉村的联排民居

图 3-62　新设计联排式彝族民居

此外，仿"一颗印"式院落除大家所熟知的三间四耳外，在呷西及阿加等贫困农户中还出现有三间两耳、三间带楼梯巷等形式（图 3-63）。

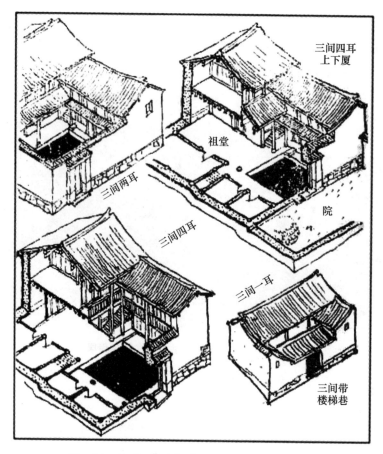

图 3-63　仿"一颗印"式的其他形式的彝族民居

4. 多进制院落

在所接触的实例与了解的情况中，还没有找到现存的凉山彝族的多进民居院落，但据走访雷波锦城镇阿卢黑格老先生介绍，历史上凉山贵族兹莫以及诺合家支头人家也存在着多进院落；同时，凉山彝族博物馆仿制的历史上美姑一位诺合家的住居院落也或多或少反映了这种多进院落的形式特点。

凉山彝族博物馆仿建的住居院落是完全仿制美姑一家较有势力的诺合家的院落布局，并由修建诺合家院的彝族老工匠亲自带徒弟在凉山彝族博物馆基址范围内选定位置修建的。因此，这座仿建院落仍可以较准确的表现这种多进院落的实际情况。

（1）组合形式

这座多进院落分为前后两进。总尺度大约40m×30m见方（图3-64）。选址背靠大山，前为较平缓坡地，坐北朝南，由于用地面积所限，周边的院墙没有完全修建。在进入院门前，首先沿高达6m左右的踏步拾级而上，进入第一进院落。

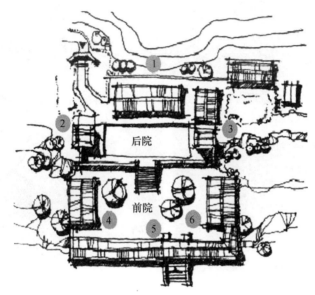

1-正房；2-碉楼；3-管家住房；4-武器库；
5-表演廊；6-家丁住房

图3-64 凉博仿建诺合院落总平面示意图

第一进院落正面为前院墙，但院落角部没有修建碉楼。在院落内部沿前院墙修建了向内敞开的敞廊（图3-65），主院门位于前院墙东半侧，院门上雕刻牛角、羊角以及农作物形象花纹以做避邪佑家之效（图3-66）。第一进院落只有东西两座厢房，无正房。两座厢房均为一层悬山屋顶木构建筑，屋脊高约5m，内部格局与正房相似，分为三间，形制较一般厢房更为复杂精巧（图3-67、图3-68）。东厢房为存放武器的武器库，西厢房为管家及家兵的住处。第一进院落有较开敞的院坝，院坝中多种杉树。据称如有大型活动宾客来访，可集中于此院席地而坐，观赏敞廊内的歌舞表演。第一进院落与第二进院落间有高达6～7m的堡坎相隔，两进院落间以位于堡坎中部的踏步相连（图3-69）。

图 3-65　前院墙内部的敞廊

图 3-66　院门左右的雕刻

图 3-67　院落东厢房

图 3-68　院落西厢房

　　第二进院落由正房、碉楼、后门及与第一进院落相隔的内院墙组成。院落约 20m×10m 见方，内院墙较矮，只有约 1.5m 高，院墙上雕刻日月等花纹（图 3-70）。院墙与东西两端碉楼相连结束，碉楼为三层悬山屋顶的坡碉，基底 3.5m×3.5m 见方，形式高大挺拔（图 3-71、图 3-72）。院落正中靠北为正房，正房基底平面为 16.5m×10.25m 的长方形（图 2-73）。正房山墙东侧隔 2m 为一东西朝向的侧房，为家奴住所（图 2-74）。正房山墙西侧斜向西北开一小路，尽头为一外八字形院门。这一进院落地面平坦，地铺石板，中间不种树木又位于高处，视野十分开阔。院落主区再东相隔一片约十余米长的玉米地还有一座南北向木构土墙悬山屋顶小屋，为厨房。再东有东西向小屋为厕所，这一部分应为后建，不似原有院落形制。

图 3-69　前院空间和堡坎的踏步

图 3-70　较矮的内院墙

图 3-71　东侧碉楼

图 3-72　西侧碉楼

（2）空间特点

就凉山彝族博物馆仿建的这一住居院落特点分析，各进院落之间高差较大，因此空间分隔感较强。同时，由于前后院落截然不同的院落特点，更强调了各进院落功能的区分。两进院落各成体系，第一进院落适于聚集，而第二进院落更强调私密性和控制感。另外，由于前院墙没有碉楼的设置，所以推测实际条件下其院落前方应该有相应的防卫构筑物。通过资料显示一般凉

图 3-73　凉博仿建诺合民居正房实景

图 3-74　正房东侧的家奴住所

山彝族家支头人住所周边应分布其家支人民的各级院落，这些院落都为这主要院落提供保护。同时，这种多进院落中虽然出现了较为实际意义上的厢房，但仍然没有与正房相联系的情况。正房的独立性与权威性不以周边有相连的建筑形体来体现，而是以正房、厢房、碉楼的分离，各居其地，各占其势的方法得以表达。不过这种多进院落中始终为家人奴隶留有住所，此外，整个院落与自然环境完美融合，体现出了彝族人们的自然观。

　　从历史的纵向上以及各民族的横向上比较可以发现，建筑形体越复杂，群落组合越复杂，其中包含的诸如等级、公共化等社会特点就越明显；反之越简单的组合与形制其包含的意义就越自然和个体化。凉山彝族住居院落的不同形式也较明显地体现了这一特点。而有关于民族上下各级的文化特点却在各级建筑和住居院落形制上均有反映，如凉山彝族的家支观念导致碉楼的普遍出现，渗入生活的宗教信仰使院坝空间都有祭祀的功能等等。

5. 凉山彝族土司衙门院落形制

元初中央集权政府为了控制凉山地区，册封凉山地区较有势力的兹莫或诺伙家支的头人为土司，如凉山历史上较为出名的"四大土司"——哈拉（安家）土司、呷哈（国家）土司、利利土司和沙马（安家）土司。中央政府承认土司的势力范围和等级，土司除每年向中央政府交纳一定钱粮，在统治级别上归中央统治之外，实际上形成了半自治的政治局面。这样，必然在建筑上出现了土司衙门的形制。

由于土司集团与中央统治者之间有直接的联系，因此在土司衙门的形制上必然融合带有汉区建筑院落形制的特点。由于现存凉山地区的土司衙门已经全部被毁，所以无法以实例分析。只有通过一些土司衙门的遗址以及借鉴贵州云南等地现存的彝族土司衙门形制，简单勾勒出凉山彝族土司衙门的院落形式。

从滇黔所存土司衙门形式来看，土司衙门应为多进的合院形式。而所谓衙门并不是指其仅有官府办公的性质，更可能是以衙门这种称呼来表示其与中央政府间的直系关系，土司衙门的主要作用仍是作为居所。

（1）彝族土司衙门实例

利利土司分衙门遗址位于凉山昭觉县大坝乡科且村的山间盆地内，四面环山，周围均系农田。北距科且村民房200m，南距大坝乡政府驻地300m，东南距昭（觉）——布（拖）公路30m。

该衙门始建于明代早期，被毁时间约在明末。遗址南北长120m，东西宽100m，占地面积为12000m²。残存的石柱立于地面，柱身有四个榫眼。石柱青砂石质，共四根，呈长方形排列，占地面积5m²。石柱方形，高1.52m，边宽0.4m。柱身素面，顶端浮雕有狮子等动物图案。

利利土司是凉山最大的土司，一般认为系元之罗罗斯宣慰使，明之建昌卫土司指挥使安氏。元初，元王朝在今凉山一带地区设罗罗斯宣慰司，土官宣慰使由利利兹莫担任，取汉姓安，治所在今四川西昌市，为罗罗斯地区最

大的土司。由于辖区过广，在美姑利美甲谷设一分衙门。明初，为了便于统治，建昌卫土司指挥使安氏将美姑利美甲谷的分衙门，迁至了地势开阔、人口集中的昭觉蒿姑坝（今昭觉县大坝乡科且村一带）。明中叶以后，安土司遭到属下黑彝家支的联合进攻，土司战败，衙门被烧毁，土地、财产、奴隶被瓜分，只留下四根石柱。

（2）凉山彝族土司衙门形制特点

就昭觉大坝利利土司衙门遗址的平面及建筑形制看来，尽管凉山诺苏土司衙门的建筑形式与院落形式受到汉式院落与建筑形式的很大影响，但是仍带有住居院落建筑的基本特征。

选址：保持了凉山彝族传统住居院落后依山体，前面平坝的选址特点。

院落空间：各进院落标高随院落进深而层层抬高，适应于院落基址的山体环境。尽管横向院落数目增多，但每一路院落仍然没有出现厢房的格局，每进院落中仍然仅以正房和院墙为院落围合元素。院墙与碉楼作为较鲜明的外部特征，将建筑从外围保护起来，这些空间特点都比较符合凉山彝族一般住居院落围合特点。

功能布局：由于土司衙门功能上较一般居住建筑复杂，因此在院落功能的分配上有更加明确的分布，在这方面受汉式院落影响较大。

6. 凉山彝族住居院落特点小结

综合上述凉山彝族住居院落特点，我们更可以将其看做一个存在有机联系的院落空间系统。这种院落空间系统承担了凉山彝族人民各种生产与社会活动的功能。

（1）生产生活的地点

这种院落系统除满足居住功能外，首先，在正房室内、碉楼中都存在牲圈及粮食贮藏的场所，房子居住的用途有了并行的功能。同时，除院子周围的农田，院子本身也作为生产活动的第二场所，院落中的牲圈等场地可说明这一点。

（2）社会生活的地点

这种院落系统由外至内包含各种社会生活要素，如军事防御、宗教活动、甚至祖祭中野祭的场地也以住居院落为中心而位于其周围环绕的农田中。

由此，凉山彝族人民的住居院落承担了生产生活与社会生活的双重作用，成为彼此交叉的结合点。

3.4.3 村落的其他构成元素

凉山彝族村寨中，除了主体院落之外，还包括以下几个元素：

① 祖灵洞：在村外山上用来供奉家族灵位的小洞穴。

② 墓地：彝族古墓用石条砌成圆形，犹如一口井，井口向天，因而叫"向天坟"（图3-75）。向天坟的大小不固定，小的直径2m，大的超过4m。每一块条石的长度不一，但有一个固定的原则，男性坟上每一圈的条石是偶数，一般为6块、8块、10块；女性坟上的条石是奇数，一般为7块、9块或11块。因此，要判定向天坟主人的性别，数数坟头上的条石数目就知道了。

(a) 雷波南天乡向天坟

(b) 楚雄子午镇向天坟

(c) 雷波永盛乡向天坟

(d) 楚雄高峰乡"彝王坟"

图3-75 凉山彝族特殊的墓地——向天坟

③ 公房：分为两类，一类是用于全村议事的房屋，位于村寨中间；另一类是供未婚男女社交用的房屋，这类公房多位于村外。

④ 磨秋场：位于村落中间的场坝，一般作娱乐场地。

⑤ 寨门或寨门树：旧时彝族多数都有寨门，分两层，一楼过人，二楼是碉楼，起防御作用（图3-76），此外，有的村寨在入口处有两棵笔直的大树，形成入口标志，这两棵树称为寨门树（图3-77）。

(a) 彝族双层寨门

(b) 中华民族园彝族园寨门

(c) 美姑寨门

(d) 拖木沟宅门

图3-76　凉山彝族寨门

⑥ 寨心（一般以议事活动的地点为寨心）：公房、仓库、奇异的石头或高大枝繁的古树皆可作为寨心（图3-78），成为人们聚议、休息、闲聊的地方。

⑦ 寨神：在彝寨附近有一片茂密的树林，称为社林，社林中选出一棵大树作为龙树，有的村寨在龙树脚下用石头搭一个类似住屋式样的小石屋，叫做龙窝（图3-79），龙树和龙窝可称为寨神，有的村也以寨心作为寨神。

(a)　　　　　　　　　　(b)

图 3-77　彝族寨门树　　　　图 3-78　作为寨心的古树

图 3-79　彝族寨神——龙窝

⑧祭场：在寨神附近的一片场地可划为祭祀场地，一年中，彝族有祭天地、祭祖、祭龙等活动（图 3-80）。

⑨焚场：一般设在野外山坡上，尤以村寨背后山体的半山坡，且山坡上有森林处为佳（图 3-81、图 3-82）。焚场是凉山彝族祖灵信仰一系列活动的开始地。

当然，不是所有村寨都具有这九个要素，有的只具有其中部分要素。

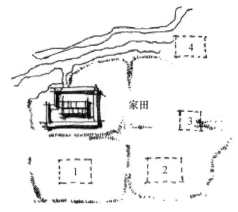

1-宴祖祭场；2-祭祖换灵祭场；
3-祭祖求育祭场；4-指路松灵祭场

图 3-80　彝族主要祭场位置

图 3-81　彝族火葬场面

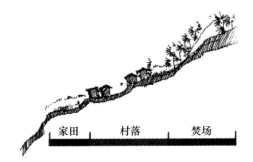

图 3-82　彝族焚场与村落关系示意图

第4章

凉山彝族民居的建筑类型及特点

由于经济状况、自然环境、风俗习惯以及民族之间的影响，各地彝民都因地制宜，修建满足当地生产生活需求的民居。彝族民居按屋顶形式可分为坡顶房和平顶房两类。而坡顶房按屋顶材料又可分为：竹瓦房、麻杆房、草房、瓦板房、青瓦房；平顶房即土掌房。

 ## 4.1 竹瓦房

竹瓦房，多分布于红河西部的哀牢山主峰地段，这里降雨丰富，竹子众多，因此当地居民大量使用竹子来作为建筑材料。

竹瓦房用木柱或粗大的竹柱支撑竹梁和檩条，墙体用竹篾围护而成，也有一些是土墙。竹瓦房的平面简单，一般 4m×3m 见方，空间狭窄局促；同时竹子的承载力不高，建筑高度一般在 2.7m 左右（图 4-1），因此竹瓦房逐渐被淘汰，现多用于牲畜圈。

竹瓦房是双坡顶，造屋顶时，选一批直径相似的竹筒均匀地劈成两半，一半做板瓦，一半做筒瓦，像盖瓦房一样盖上并用竹皮紧紧地绑在竹梁及檩条上，雨水可以顺着竹子的肌理流下。为了防止雨水回流，竹瓦房屋脊采用了错缝搭接，这也是最早的"格霏"屋面。远望竹房，全像瓦房，当地人称之为竹瓦房（图 4-2）。

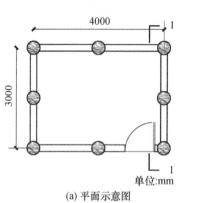

(a) 平面示意图

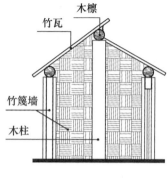

(b) 1-1剖面示意图

图 4-1　凉山彝族竹瓦房示意图

(a) 储藏室

(b) 牲圈

(c) 厨房

(d) 民居

图 4-2　凉山彝族竹瓦房现存实例

4.2 麻杆房

麻杆是暖温带树种，喜光照，稍耐阴，对土壤的要求不严，因此，在凉山州的温和湿润地区，彝族居民们都种植有麻杆。麻籽是优良的油料作物，可出售，麻杆还可用来盖房（图4-3）。村中如有一家盖房，其余各户所保存的麻杆都可借给这家。

(a) 成长过程中的麻杆　　　　　(b) 收获后的麻杆

图4-3　成长及收获的麻杆

麻杆房的平面布置与竹瓦房类似，约4.8m×4m见方（图4-4）。但在功能上比竹瓦房要进步，依稀开始有火塘，部分人家甚至有用作生产资料的夹层，发展到后来，就是瓦板木楞房的平面布置。

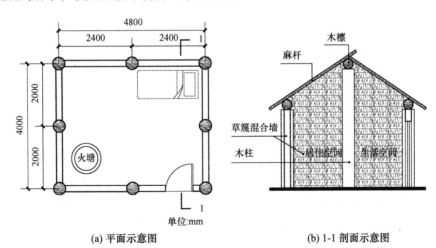

(a) 平面示意图　　　　　　　　(b) 1-1剖面示意图

图4-4　凉山彝族麻杆房示意图

麻杆不仅可以用来盖屋顶，还可用麻杆和篾条混合编织墙体（图4-5）。麻杆房一般是低级的呷西的住居，现存较少，多为牲畜圈及柴房。

(a) 简易麻杆房 　　　　　　　　　　　(b) 中级麻杆房

(c) 高级麻杆房 　　　　　　　　　　　(d) 凉亭

图4-5　凉山彝族麻杆房现存实例

4.3 草房

在用竹篾编制蓖笆作墙之后，彝族人民进一步以土夯作墙。草房用经过加工的结实圆木或方木为柱，围绕柱子外夯筑土墙，十分牢固。这种住屋形式现今在昭觉、越西一带还有一些实例存在，以昭觉古里巴姑村仅存的两座草房为例，两座草房一座平面4m×3m见方，另一间稍大6m×3.6m（图4-6、图4-7）见方，平面内部没有明显的空间划分，但有"火塘"的设计。这两座草房均为土木结构，以石块垫基，夯土筑墙，已传四五代人，仍未坍塌。墙上开一门，较低，只有约1.6m高，没有窗户。

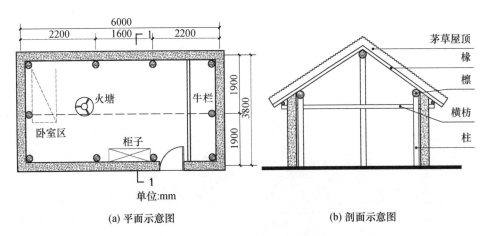

(a) 平面示意图　　　　　　　　　(b) 剖面示意图

图 4-6　凉山彝族草房示意图

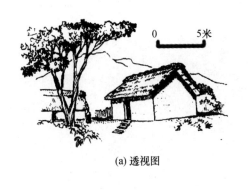

(a) 透视图

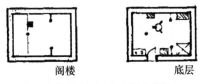

阁楼　　　　　　　底层

(草顶土筑墙)利用上部空间作夹层

(b) 平面示意图

图 4-7　喜德县李子乡一般曲诺住宅

　　茅草房屋顶为双坡顶, 柱上顶檩, 檩上架椽, 用草盖顶。檩、椽均用没有进行过细加工的树杆树枝, 较为简陋。草顶用预先经过加工处理的草铺盖(加工草要先打尽草绒, 泼上冷水让风吹, 接着放火燎茅草, 浸透水的部分因风吹不干而不被火燃烧), 密实的草顶雨淋不进, 风吹不掀。据村民介绍, 原来

比较好的草房在建盖时，山墙筑得较高，有时超过茅草屋顶，并在山墙上盖石板。其作用类似封火山墙，在发生火灾时让山墙挡住风力和火苗，控制火势，尽量避免火舌乱窜，殃及四周邻居（图4-8）。

(a) 鸟瞰   (b) 透视

(c) 檐口

图4-8 昭觉县巴姑村草房照片

草房多分布于多雨的山区，以土或毛石或木板筑墙，墙上架屋顶构架（图4-9）。按草的材料来分，有稻草房和茅草房（茅草比稻草耐久性好，茅草十年换一次，稻草三五年换一次）；按层数分有单层单间和两层三间；按草顶形式分有双坡草顶房和四坡草顶房，四坡草顶多见于红河中下游地区。

草房的出现是继权权房形式后彝族先民在住屋技术与形制上的又一大进

步。虽然草房所用檩、椽的构件仍旧是较为粗糙的自然材料，房屋体形较小，结构搭建的形式为最原始的人字形柱梁架体系，还没有上升到较高级处理结构关系以解决房屋跨度问题的阶段；平面组成也十分原始，没有各功能空间的划分；但是可以看到，草房已经完全具备了现代意义的建筑中柱、梁、檩、椽、墙等结构构件以及门等建筑构件并进行一定系统的组合，形成了长方形的平面形制。房屋主要结构构件如柱、梁等经过了人工加工；除篾笆墙外，墙体已用经过加工处理的夯土墙；屋顶材料茅草，也通过专门的处理，有了对自然条件更好的抵抗力。草房的产生已使凉山彝族的住屋形制和建筑文化进入了文明时代。

(a)

(b)

(c)

(d)

图 4-9 凉山彝族草房现存实例

4.4 瓦板房

瓦板房是用杉树、青松、沙松或栗树等好的木材劈解而成的木板来覆盖屋顶。这些木板起到瓦的作用，故称为"瓦板房"或"滑板房"。还有一种称为"闪片房"，这是因为屋内较暗，由屋内看屋顶，有斑斑驳驳的漏光，阳光在板片缝隙间闪烁，故称"闪片"。

彝族民居的平面布置，形式多样，有"矩形""口""凹""回"等平面形式，其中以单一矩形为多见。瓦板房的房屋功能区分十分明确，屋内以锅庄石为界，被分为四个不同的功能区，锅庄右则彝语叫"牛莫"，是主人家就寝、贮藏重要物品、供祖祭祖的地方，一般只有主人家才能进出，特别是供奉祖灵的地方更是禁区。锅庄上方，彝语叫"甘尔果"，主要是客人坐、谈的地方，也是毕摩苏尼行作毕仪式的主要位置；锅庄下方，彝语叫"甘吉"，是主方做事、活动的地方，也是彝族举行婚嫁、丧葬仪式的主要场所；甘吉到门左则为牲畜圈舍，彝语叫"呷泼"，在过去多为奴婢居住（图4-10）。

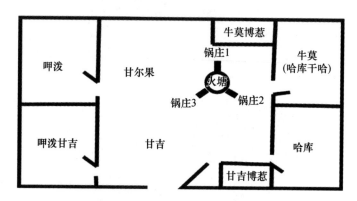

图 4-10 彝族住居平面功能图示

4.4.1 生土墙瓦板房

生土墙瓦板房多分布于红河上游哀牢山地区一带和大、小凉山地区（图4-11）。土墙可分为夯土墙和土坯墙两类，夯土墙比土坯墙质量好。

(a)

(b)

(c)

(d)

(e)

(f)

图4-11 彝族生土墙瓦板房

　　红河流域的瓦板房平面功能较简单，一楼主要功能是堂屋、卧室和厨房，二楼作储藏及局部可作卧室，与凉山地区不同的是，此地区的二楼面积较大，除楼梯口，几乎整个覆盖一楼（图4-12）。

　　大、小凉山地区的瓦板房则比哀牢山区的瓦板房高级，为了获取足够

大的竖向空间，只在左右两边的侧间设置夹层，堂屋空间上下贯通（图4-13）。

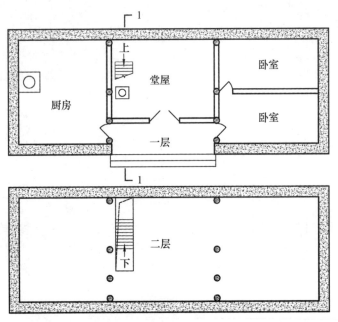

(a) 一层、二层平面示意图

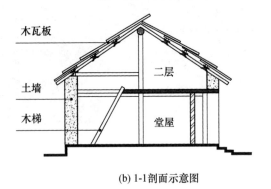

(b) 1-1剖面示意图

图4-12　红河流域哀牢山瓦板房示意图

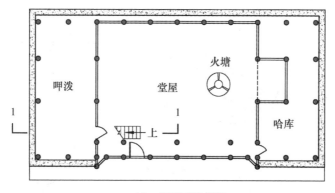

(a) 一层平面示意图

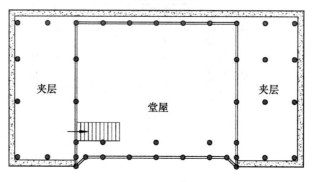

(b) 二层平面示意图

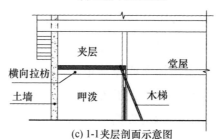

(c) 1-1夹层剖面示意图

图 4-13　大、小凉山瓦板房示意图

　　大小凉山瓦板房的正屋（棚屋）由三部组成：正中部分为客堂兼厨房，有如现代建筑的"起居室"，大门正中或稍偏的地方设锅庄（火塘）一座，由三块石头支承，是全家老小起居、饮食、会客的生活中心。有些富裕家庭设的客室面积为外室的大约三倍。通常入门左侧为牲畜圈，其中常搭有放置饲料的木桁条。右侧为卧室或储藏间，亦有利用屋架镶条上部空间作夹层作为储藏物品或招待客人的临时住所（图 4-14）。

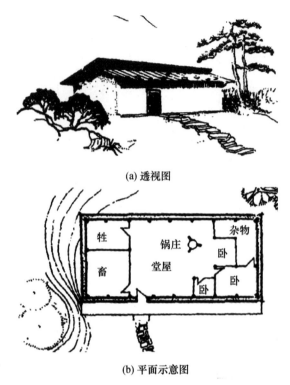

(a) 透视图

(b) 平面示意图

图4-14　美姑县巴普镇富裕曲诺住宅

承重方式分为土墙承重或木构架承重土墙围护。土墙承重的在土墙上架梁，然后建造屋顶构架，最后把木瓦板从下至上交错叠盖在椽条上——铺好檐口这层瓦板时，需用棕绳或藤蔓把瓦板捆住，连成一体，然后拴在椽条上，接着又铺上层瓦板，依此类推。铺满两边屋面后，在屋脊处后坡面的木板伸出屋脊至少10cm宽，以防屋脊漏雨（图4-15）。外墙很少开窗，室内光线差。

哀牢山地区和大、小凉山地区的生土墙瓦板房的区别在于：哀牢山地区生土墙瓦板房坡度比大、小凉山地区的大；哀牢山地区民居的屋顶瓦板主要靠捆绑，而凉山地区的屋顶瓦板用石块压住木瓦板（图4-16、图4-17）。

此外，凉山彝族的呷西、阿加、曲诺及其他等级的居民房屋形式简单，主要以生土及局部桁架结构为主。平面及结构功能上，也与等级的高低有关，等级越高，平面功能越复杂，空间越高大（图4-18、图4-19）。

凉山彝族不同方言区的建筑民居特点不同，但是都基本保留哈库和甘吉、呷泼的三分空间结构，这是直接延续了汉族民居明间与次间的划分原理。

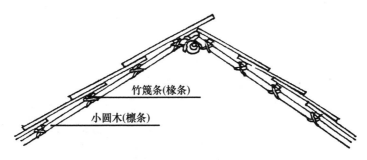

图 4-15 哀牢山土墙式瓦板房屋面构造详图

图 4-16 哀牢山用竹篾捆绑木瓦板

图 4-17 凉山用石块压住木瓦板

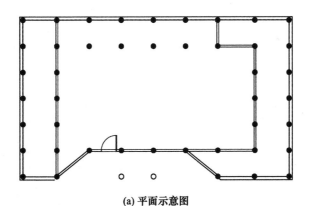

(a) 平面示意图

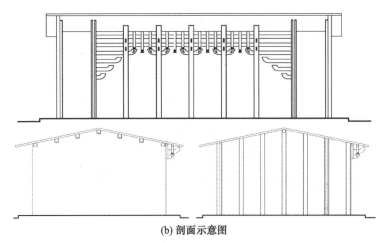

(b) 剖面示意图

图4-18 凉山美姑觉洛村曲比子石家住宅

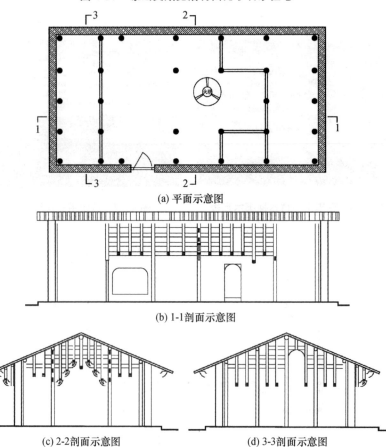

(a) 平面示意图

(b) 1-1剖面示意图

(c) 2-2剖面示意图　　　　　　　　　　　(d) 3-3剖面示意图

图4-19 凉山巴普镇基伟村阿种阿体家住宅

4.4.2 生土木构瓦板房

在四川凉山州，由于新中国成立前仍处于奴隶社会，当地奴隶主（黑彝为主）把最好的材料、技术、工匠用于自己的建筑上，创造了技术和艺术的最佳结合的民居典范——大型生土木构瓦板房（图4-20）。

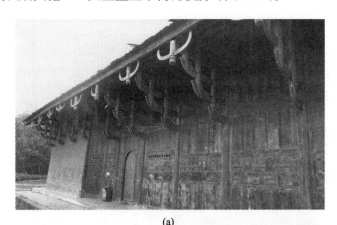

(a)

(b)

图 4-20 凉山彝族大型生土木构瓦板房

黑彝民居的院落形式一般由住屋、碉楼、牲畜屋、奴隶屋等围合成一个院落（图4-21）。黑彝住屋最典型的是四川凉山州美姑县斯干普乡黑彝水普什惹的房屋。

此正房属单栋建筑，长22.88m，宽11.64m，高7.2m，独踞山头，气势雄伟。该屋平面分为三部分：正中为堂屋，堂屋内设火塘（锅庄）；右边是卧室，分主人、儿子、女儿三间；左边放粮食和养马（图4-22）。正房为单层建筑，但在左右两边和堂屋入门上部都设有夹层，作存放物品、临时客房和战时瞭望之用。

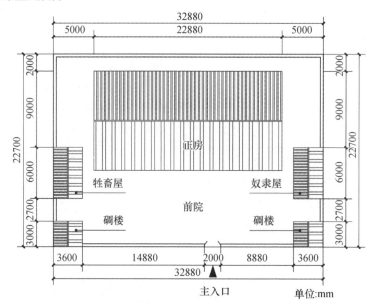

图 4-21 凉山彝族奴隶主黑彝的住居院落示意图

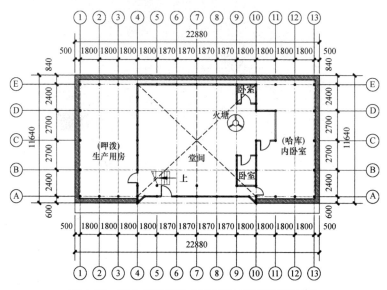

图 4-22 凉山彝族奴隶主黑彝的正房底层平面图

正房采用木构架承重，整个住屋的木构架由 2700 余个部件组成，包含了两种木结构形式：

① 多柱落地式穿斗木构架（图 4-23 ~ 图 4-25），可有三柱落地、四柱落地及五柱落地不等，变化灵活。

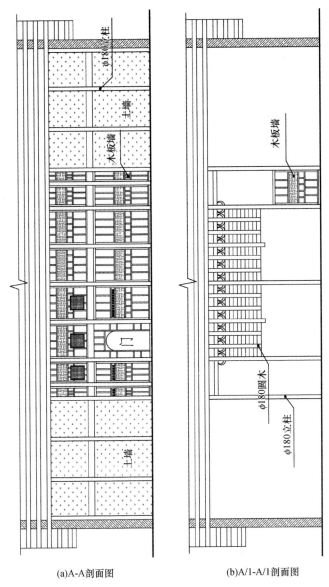

(a)A-A 剖面图   (b)A/1-A/1 剖面图

图 4-23 凉山彝族奴隶主黑彝正房的穿斗木构架（1）

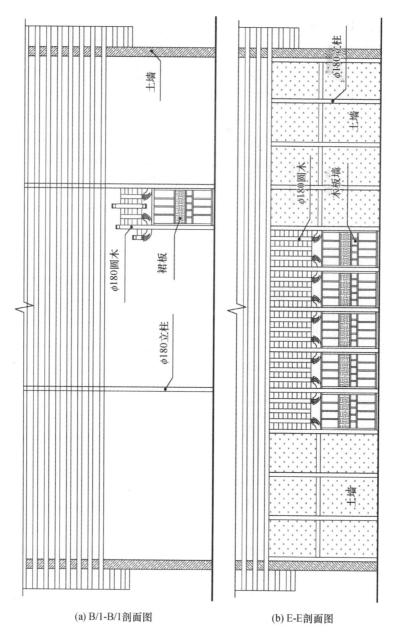

(a) B/1-B/1剖面图　　　　　　　(b) E-E剖面图

图4-24　凉山彝族奴隶主黑彝正房的穿斗木构架（2）

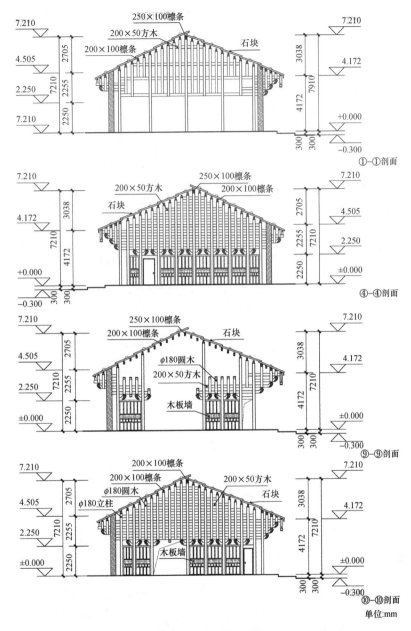

图 4-25　凉山彝族奴隶主黑彝正房的穿斗木构架（3）

② 悬挑拱架式，为了解决堂屋中近 11m 宽的结构跨度，工匠利用杠杆平衡原理，采用悬挑拱架结构，从六个方向向正中层层出挑（图 4-26 ～图 4-28），

它加大了室内结构跨度，屋面荷载通过垂柱传递给层层牛角挑，最后传递给落地支柱；外檐也采用多层出挑，前檐出挑 2.2m，后檐出挑 1.2m，檐高 4.5m。

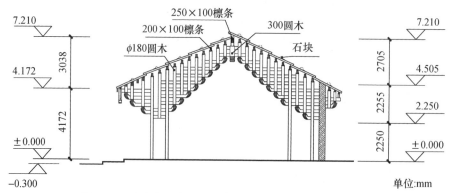

图 4-26　凉山彝族奴隶主黑彝正房的悬挑拱架结构（1）

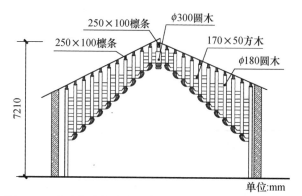

图 4-27　凉山彝族奴隶主黑彝正房的悬挑拱架结构（2）

(a)　　　　　　　　　　　　(b)

图 4-28　凉山彝族民居正房的悬挑拱架结构实景

　　正面墙体结合木构架和大门，采用木板墙，其余三面墙采用 0.6m 厚夯土墙，木板墙上方有小窗，形状各异，起到采光、通风、瞭望、装饰的效果（图4-29）。

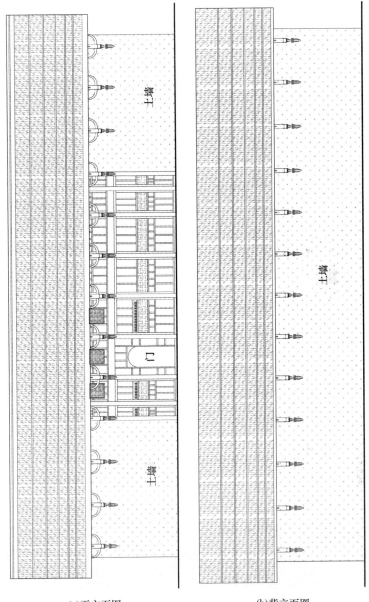

(a)正立面图　　　　　　　　　　(b)背立面图

图 4-29　凉山彝族奴隶主黑彝正房的立面图示

在前檐的垂柱上都装有木头南瓜或两只上翘的木头牛角（图4-30），在前后檐及内部挑梁和垂柱上雕刻各种精美图案，如南瓜、花叶、牛头、羊头以及日月星辰等，并施以彩绘，彩绘多用黑、黄、红等色彩（图4-31）。屋顶为悬山式，屋面做法同凉山地区普通闪片房的屋面做法。

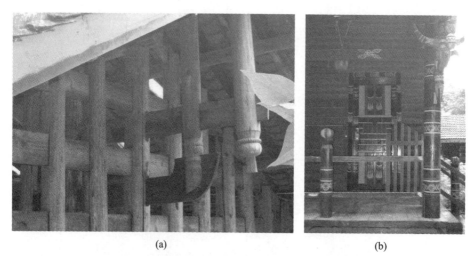

(a)　　　　　　　　　　　　　　　　　　(b)

图4-30　凉山彝族民居前檐垂柱装木头南瓜或木头牛角

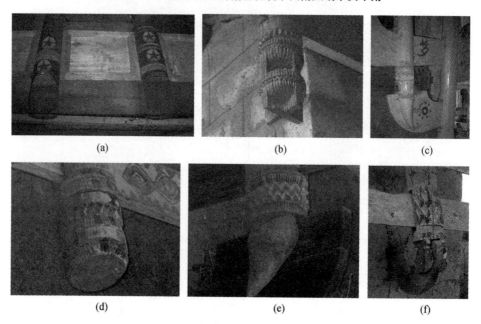

(a)　　　　　　　　　(b)　　　　　　　　　(c)

(d)　　　　　　　　　(e)　　　　　　　　　(f)

图4-31　凉山彝族民居木构架各处雕刻精美图案

4.4.3 井干式瓦板房

井干式瓦板房又称为"木楞房""垛木房"或"木罗罗",这类瓦板房多分布在大、小凉山地区以及云南楚雄州的大姚、南华一带(图4-32)。

(a)

(b)

(c)

(d)

(e)

(f)

图4-32 凉山彝族木楞瓦板房

　　木楞房内外墙壁采用去皮圆木或方木，两端砍出卡口，墙角处交叉相接，层层叠叠而成。内隔墙的木楞也交叉外露，显出一根根叠积的圆木。有些地区于木缝处抹泥以防风寒。屋顶悬山式，前后左右出檐皆在 0.6m 以上，防止雨水滴下使室内变潮，屋面做法同前述土墙式瓦板房房的做法。

　　凉山彝族阿加居住的古老的木楞房功能简单，平面尺寸较小，且只是将卧室与堂间分隔，已有初级的火塘出现，由三块石头搭建（图 4-33、图 4-34）。

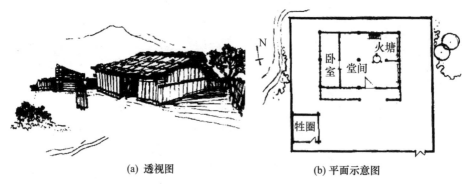

| (a) 透视图 | (b) 平面示意图 |

图 4-33　凉山彝族的简易木楞房

图 4-34　凉山彝族初级的火塘由三块石头搭建

木楞房的住居平面形式一般为矩形，面阔限于木材长度，最多达 7m（可分为两间），进深 3 ~ 5m，门居中或稍偏左。平面也是三分式划分，较古老的住房通常在面宽范围内分为左、中、右三个部分，中间 2 ~ 3m 宽的空间为"堂屋"，右部 2m 多宽靠墙的空间为卧室，左部 1 ~ 2m 宽空间多为板壁分隔的谷仓，离地 0.4m 以防潮（图 4-35）。

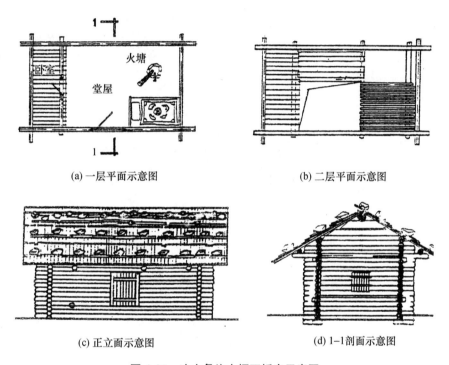

(a) 一层平面示意图

(b) 二层平面示意图

(c) 正立面示意图

(d) 1–1 剖面示意图

图 4-35　凉山彝族木楞瓦板房示意图

住宅前后墙高 2.4 ~ 2.6m，2m 以上设夹层作储藏用，夹层左、后、右三边靠墙，进门处留约 2×3m 的空间，上下贯通以上人。这类住房只有火塘而无厨房，外墙很少开窗，室内光线很差。

随着社会发展，后来的住屋多扩建有厨房。厨房多建在正房前部，即将双坡屋顶的前坡加长 2 米多深，另围以墙即可；后部住屋的平面形式不变（图 4-36）。

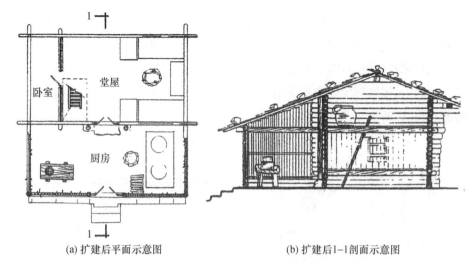

(a) 扩建后平面示意图　　　　　　　(b) 扩建后1-1剖面示意图

图4-36　凉山彝族木楞瓦板房扩建

 ## 4.5　青瓦房

　　青瓦房主要存在于地势较平坦，或靠近城市的地方，由于地理和经济条件较好，以及受汉族建筑和风俗文化的影响，建筑不论在空间划分还是空间组合等方面都与前一种有着明显的区别。

　　这类民居主要由三间正房和四间厢房组成一个封闭的院落。正房中间的明间为厅堂，是全家起居的共享空间，传统的火塘仍是室内空间的主体；明间两旁的次间是所有房间中最好的房间，主要用于长辈的卧房，这体现着彝族尊重老人的传统习俗，对应上去的角楼是粮食的蓄备处；正房两侧是厢房，主要供晚辈或外人使用。这种民居由于有单独的牲畜圈和厨房，所以与上述相比最大的特点是人与牲畜的分离，火塘与厨房的分离（图4-37）。

(a) 正房与厢房之间有独立的厨房

(b) 堂间火塘的使用大大减少

图4-37 普雄贡莫乡的青瓦房融合了汉族建筑文化

凉山彝族自治州多为高山峻岭，高差大，河谷深，因此山脚和山顶的建筑形式也有不同。河谷的降雨量大，普通的竹瓦、麻杆瓦、草瓦或木板瓦，都禁不住雨水的大量侵蚀。因此，汉族的烧瓦技术便从汉彝杂居的地区流传开来（图4-38）。

(a)

(b)

图4-38 普雄贡莫乡的居民普遍修建青瓦房（1）

(c)

(d)

(e)

(f)

图 4-38　普雄贡莫乡的居民普遍修建青瓦房（2）

　　青瓦房的平面保留了彝族民居的传统形式——三间式的划分形式、火塘及两侧夹层；与瓦板房不同的是，同夯筑技术一样，青瓦房的平面形式也吸收了汉族民居的优势——单独的厨房、厕所和牲畜圈，人畜分离，动静分区，达到了更好的居住体验。平面上正房一般 13m×6m 见方，厢房的进深和开间都较小，3m 左右。空间上保持了彝族民居的特点，堂屋通高，左右分为双层空间，下层为卧室，夹层为储藏空间（图 4-39）。

　　青瓦房又因为墙身材料的不同，可以分为土墙式青瓦房和井干式青瓦房。土墙易于取材和夯筑，且保温隔热性能较木楞墙好，因此，在凉山彝族的河谷地区，土墙式青瓦房占大多数（图 4-40）。

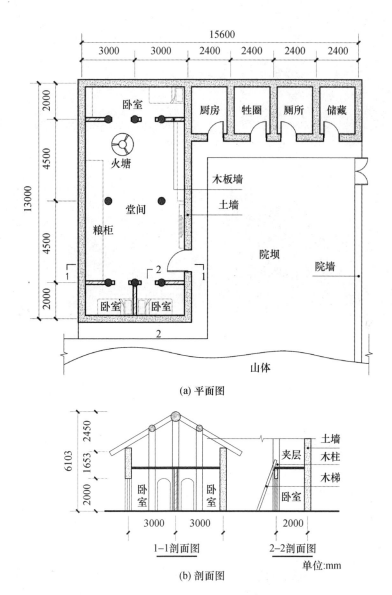

(a) 平面图

(b) 剖面图

图 4-39 普雄贡莫乡土墙式青瓦房示意图

(a) 井干式青瓦房   (b) 井干式青瓦房模型

(c) 土墙式青瓦房单栋民居   (d) 土墙式青瓦房高级三合院

图 4-40 凉山彝族不同墙体材料的青瓦房

 ## 4.6　土掌房

4.6.1　全平屋面土掌房

　　彝族土掌房多分布在红河流域和金沙江流域的干热地区，在与凉山的交界处也有土掌房。它具有以下一些特点：

　　① 平面布置紧凑，节约用地。土平顶的设置，克服地形限制，满足了生活所需的农作物晾晒场地（图 4-41）。

　　② 保温隔热性能好，住屋冬暖夏凉，适应于干热地区和雨量少的高寒地区。

③ 就地取材，建造方便，造价低廉。

土掌房一般都有两层和单层两部分，由楼层存粮间至单层房顶晾晒农作物或堆放粮草，是农村民居生产需要而形成的特色。加以村寨建于山坡，房屋层层叠叠，高低错落，构成村寨民居丰富的立面轮廓。

(a)

(b)

(c)

图 4-41 彝族全平屋面土掌房（1）

(d)　　　　　　　　　　　　　　　　(e)

图 4-41　彝族全平屋面土掌房（2）

由木梁承重，用土坯或夯土外墙、木板或土坯内隔墙。有的地方土墙部分承重，如红河地区。土墙承重时，在梁和木楞下的墙顶加木卧梁，分散压力，木梁跨度一般约 3m 左右。土掌房顶及楼板构造：木梁上放木楞，间距小且不规则，有的甚至密铺，上铺柴草，垫泥土拍打密实，有的用土坯填平再抹泥，一般可维持 30 ～ 40 年不坏。经济较富裕者，其上再抹一层石灰，防雨效果更好。泥土漏雨是难以避免的，届时拍打一番，或再抹泥即可。有的屋顶的低洼部分还长着青草，说明其内含有足够青草生长的水分。木料受潮腐烂时，可另换一根，其构造简单，是较容易掌握的技术。

民居一宅一户，适合独家独户的生活习惯，也可拼接形成聚居院落，平面形式可分为无内院与有内院两种。

1. 无内院形式

房屋分正房、厢房、晒台等几部分。正房面阔三间两层，前带廊或无廊，可谓标准单元，也是建造单元，屋顶都是平顶。底层明间是堂屋，次间是卧室，或一边是卧室，另一边是厨房，楼梯在次间。楼层楼面用料也是泥土夯实，或填土坯抹泥，用来存放粮食。廊子一般是单层，厢房是 1 ～ 2 间单层，根据家庭人口多寡，分别用作卧室或厨房或杂用。晒台即土掌房顶，在正房楼层有门通晒台（图 4-42）。仅有正房无厢房的住宅，晾晒农作物时，于室外搭竹梯上下。

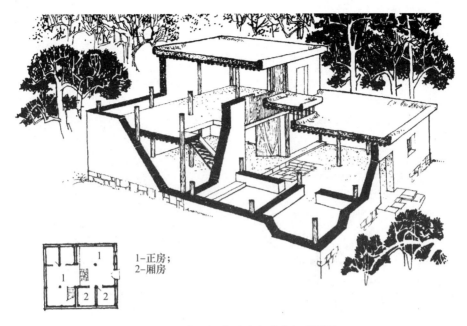

1-正房；
2-厢房

图 4-42　彝族无内院式土掌房组成图示

无内院土掌房的平面有方形、长方形、曲尺形等。其中方形平面是常见的典型形式，长方形和曲尺形是方形基础上的变异。据了解，形成无内院形式的原因：一是气候炎热，可避阳光直射，获得较好的室内小气候；二是旧社会盗贼多，有天井不安全，房屋低矮，外墙虽无窗，但天井是较易入侵处，三是可增加一些晒场面积。

2. 有内院形式

盐源县、德昌县彝族民居中有含有内院的土掌房形式。正房和厢房围成较大的院子，家务活动和生活必需的空间场所全在其中。正房亦为面阔三间两层，前带廊，厢房单层，屋顶为晒台（图 4-43）。

有内院的土掌房其平面形式多为曲尺形，正房前有单层廊。厨房贴于正房端部，层高较高，前有采光天井，因此厨房采光通风良好。

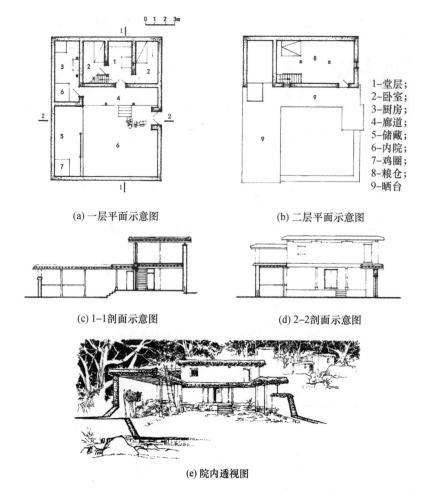

（a）一层平面示意图　　　　　　　　（b）二层平面示意图

1-堂层；
2-卧室；
3-厨房；
4-廊道；
5-储藏；
6-内院；
7-鸡圈；
8-粮仓；
9-晒台

（c）1-1剖面示意图　　　　　　　　（d）2-2剖面示意图

（e）院内透视图

图4-43　彝族有内院式土掌房图示

4.6.2　局部草顶或瓦顶土掌房

在高寒地区的木里、盐源县，有此种民居形式。此种民居特点是每户都有瓦草房及土掌房两部分。瓦房是正房，二层草顶或瓦顶，硬山或悬山式，正房的前廊及厢房，一二层是土掌房，个别厢房有部分瓦顶或草顶（图4-44）。此类型民居混合了土掌房和草房的优势，既有土掌房的晒台和保暖性，又有草顶的方便排水和简易性，两者达到了完美的结合，应是土掌房的改进形式。

(a)

(b)

图 4-44 彝族局部瓦顶土掌房

　　基本平面是方形、曲尺形、三合院、四合院等，房屋占地小，常在正房面阔三间范围内，正对此间前建厢房（又称耳房），仅余明间前一间或稍多空间为院子，较一般三合院的院子小了许多（图 4-45）。入口一般居中布置，前后地面有高差，空间主次分明，屋顶叠退灵活。

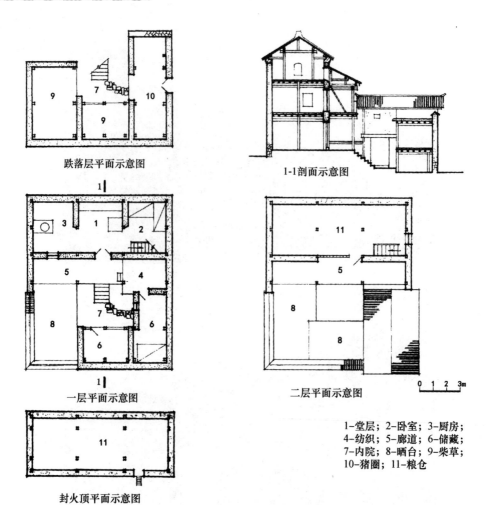

跌落层平面示意图

1-1剖面示意图

一层平面示意图

二层平面示意图

封火顶平面示意图

0 1 2 3m

1-堂层；2-卧室；3-厨房；
4-纺织；5-廊道；6-储藏；
7-内院；8-晒台；9-柴草；
10-猪圈；11-粮仓

图4-45　彝族局部坡屋顶土掌房图示

第5章

凉山彝族民居的构造与营造技术

 ## 5.1 地基

地基彝语称（lap vut）。一座建筑物的产生需要地基的承载，也就是只有良好的地基才能更好地接受更多建筑物的竖向系的负载。而凉山复杂多变的地势也增加了建造房屋的难度，同时也充分展现出了彝族人民的智慧。

5.1.1 天然地基

凉山彝族人民在房屋选址的时候就充分考量了地势，以及修建的方式，山腰及山顶的平整地带，土层有充分的承载力，只有稍加平整土地，就可以平地起屋（图5-1）。但是这种地基要在干燥的环境中，不然容易沉陷。

5.1.2 人工地基

凉山州地貌复杂多样，境内有属大雪山脉南支的锦屏山、牦牛山、鲁南山、小相岭、黄茅埂等山，多数山峰海拔超过4000m。地势西北高，东南低。高山、深谷、平原、盆地、丘陵相互交错，高差悬殊，不仅构成了特殊的地貌景观，这种多元性地貌的优势，决定了自然生态环境的多样性，也使彝族民居的建筑方式多种多样。

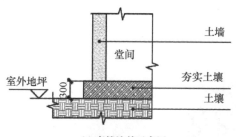
(a) 夯筑地基示意图

(b) 山腰的土墙房的夯筑地基实景

(c)

(d)

图 5-1 普通彝族人家民居的夯筑地基

除土层优质的地区可以采用天然地基，直接平地起屋，大部分地区还是需要采用人工地基。大部分经济富裕、等级较高的人家一般会夯筑土石混合地基，或用条石堆砌地基（图 5-2）；个别富裕人家还在地基中埋设有柱础（彝语：durssi）和锅庄，柱础也为石质，其形状受汉族柱础影响较多，但是其高度较高，一般超过地面约一米左右（图 5-3）；此外，因凉山彝族住居多处山区，坡地较多，因此多随山势砌条石使其平整，然后再建房屋（图 5-4、表 5-1）。在山脚及河谷地带，雨水较多，因此会在屋周围挖一条沟，作为散水（图 5-5）。

(a)

(b)

图 5-2 大部分彝族人家民居的条石地基

(a) 埋设柱础

(b) 埋设锅庄石

图 5-3 个别富裕彝族人家民居地基

(a)   (b)

图 5-4 随山势而砌的条石地基

表 5-1　凉山彝族民居地基样式列表

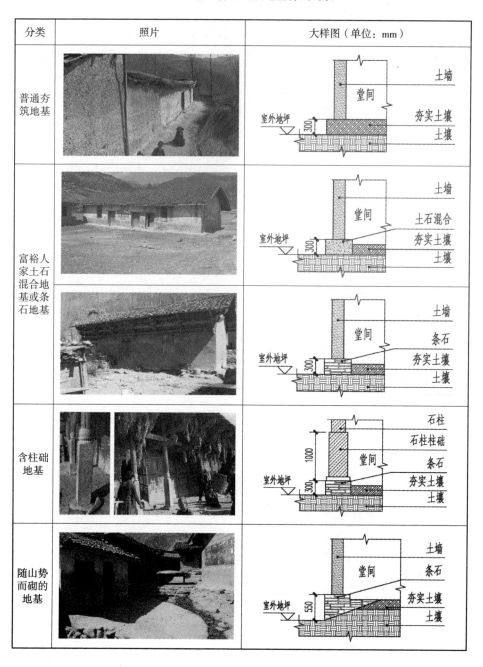

(a)　　　　　　　　　　　　　　　　　(b)

图 5-5　凉山彝族民居周围的散水

 ## 5.2　大木作

5.2.1　柱

1. 柱子的分类

按在房屋的位置及使用功能，凉山彝族瓦板房中的柱子可以分为中柱、落地柱、抬柱和檐柱。所有柱子以穿枋连接，将屋顶重力一层层传递到地面。

2. 柱子的选材

柱子的选材以直径 18 ~ 20cm 左右为主（中柱要求更长），并较为顺直的杉木为佳，其长度以 500 ~ 600cm 的为准。对于柱子采材要求梢部朝上，根部向下，仿造树木在自然界生长状态，对于柱枋也要求根部和梢部在同一方向上，房屋中的最高之中柱更是注重选取树干笔直且无节笆的木材为重。

一般民居柱子和穿枋都是使用木材，但是富裕人家会使用石材做柱础，个别人家还会在柱础上饰以纹理，并且不同位置的柱子采用不同的柱础。下面以凉山州美姑县什格普惹村色培果加家宅正房为例，罗列其平面及柱础形式（图 5-6 ~ 图 5-8）。

5.2.2　枋

枋的运用在彝族建筑中具有不同于汉族建筑的特点。由于屋顶的轻便性，

彝族古建筑的横向结构也相当的简略，不及汉族古建筑的枋复杂。一般柱间横向之间用拉枋，其位于柱子的中间部位，而柱子顶部的檩子就直接起着柱间上部拉枋的作用，就这样构成了彝族古建筑横向的结构体系。

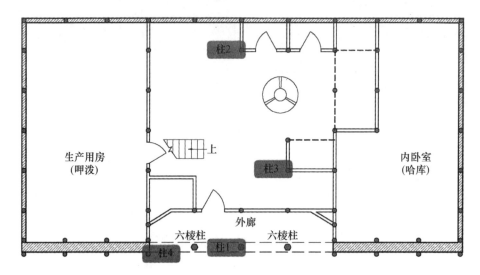

图5-6　什格普惹村色培果加家宅正房石柱的平面位置示意图

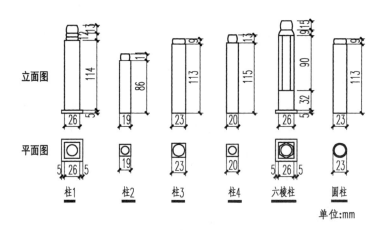

图5-7　什格普惹村色培果加家宅正房石柱的大样图

穿枋是连接所有落地柱和抬柱榫孔的构件。它与柱子共同形成一个非常重要的排柱架。穿枋一般长度为300～400cm，最长也有500cm，宽度19cm，厚度5cm。

方柱1	方柱2	方柱3
方柱4	六棱柱	圆柱

图 5-8　美姑县什格普惹村色培果加家宅正房各位置石柱实景

　　穿枋有两种类型：穿枋也选用杉木，即选用较为直通的树干，用锯片改割而成。一种为 A 型，即用于两侧挑檐的穿枋，其长度较长（图 5-9）；一种为 B 型，即用于内部直通型的穿枋（图 5-10）。A 型穿枋用于两侧挑檐成单牛角状；B 型穿枋用于中柱及其左右柱架。

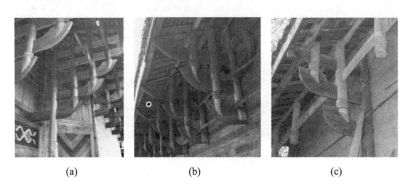

(a)	(b)	(c)

(d) (e)

(f) (g)

图 5-9　凉山彝族民居内的 A 型穿枋

(a) (b)

(c) (d)

图 5-10　凉山彝族民居内的 B 型穿枋

凉山彝族住居檐下有时会出现横枋以连接各挑檐枋作为联系构件，由于其结构功能相对次要，也会将横枋做成各种造型（图 5-11）。如昭觉一民居檐下横枋，整体形式如一把长剑，有把手及三尖头，形式逼真，房主说有镇宅的意义（图 5-12）。

(a)

(b)

(c)

(d)

图 5-11 凉山彝族民居檐下的横枋

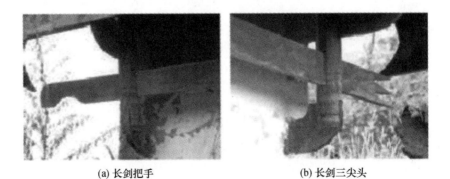

(a) 长剑把手

(b) 长剑三尖头

图 5-12 凉山彝族住居檐口下长剑形式横枋

5.2.3 屋架

《考工记》记载，"匠人为沟洫，葺屋三分，瓦屋四分"，这表明在战国时已对草顶和瓦顶屋面规定了不同的坡度。凉山彝族民居的举高与进深之比约为 1/4 ~ 1/3。与汉式木构建筑一样，凉山彝族民居的屋架结构也是多样的。

1. 桁架式结构

凉山彝族建筑中桁架式结构运用不及穿斗式结构普及，但其运用的形式也很有特色。一般较普遍的运用于房屋纵向跨度不大的土木构架的建筑中，尤其是彝汉杂居区的较为普遍。其结构特点是吸收了汉族地区抬梁式木结构建筑形式的优点，主要与穿斗式结构结合使用。一般用于纵跨不超过 5 ~ 6m 的木构建筑，因此被广泛运用于土墙房中；另一方面，对于房屋的层高要求也不高。故桁架结构架构层数较少，一般在 1 ~ 2 层左右，多是在没有运用掭架结构而希望获得较大室内空间时以简单桁架代替（图 5-13）。其体现出用料省的特点，故一般用于经济条件较差或奴隶社会中等级较低贫民用房。

2. 井干式结构

井干式结构是一种不用立柱和大梁的房屋结构。这种结构形如古代井上的木围栏，再在左右两侧壁上立矮柱承脊檩构成房屋（图 5-14）。

图 5-13　凉山彝族民居简单桁架结构　　图 5-14　凉山彝族民居井干式结构

井干式结构需用大量木材，在绝对尺度和开设门窗上都受很大限制，所以应用范围较小，现在东北林区和西南林木资源丰富的地区还有实例。而小凉山地区地处凉山地区北部，大渡河等水流资源丰富，养育沿线大片的原始森林，因此小凉山地区彝族人民运用丰富的林木原料，以井干式结构为主要建筑结构，在所垒原木木缝内外敷以泥浆，再用木板做成一片片的瓦铺成屋顶，木瓦上用石头压住，建造了很多井干式房屋。因为结构限制，井干式住居普遍较小。

3. 穿斗式结构

凉山彝族民居建筑中多出现穿斗式结构。穿斗式结构无论是在生土木构瓦板房中，还是全木构瓦板房中，都被广泛运用。在生土木构瓦板房中一般结合桁架结构共同承重；在全木构瓦板房中往往与搁架结构间隔使用，并多运用于次间和明间的隔墙构造。

凉山彝族民居穿斗式结构的做法与汉式穿斗式结构做法类似，即沿屋的进深方向按檩子数目纵向立排柱，使每根柱子上都架一条檩子（图5-15），不同的是，

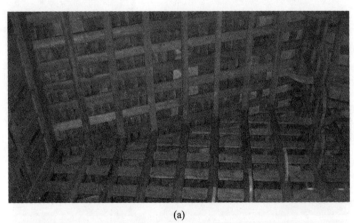

(a)

(b)

图 5-15 彝族民居穿斗式结构沿进深方向立排柱

檩子上不设椽子（排柱上也有设单根椽条）。每排柱间纵向密施 B 型穿枋，由屋顶到柱高 1/2 处层层设枋（图 5-16）。穿枋断面在 6cm × 12cm ～ 10cm × 20cm 之间，枋间距一般为 30 ～ 35cm 之间，檩距间距为 50 ～ 60cm 之间，由此构成穿斗式结构的一榀构架。每两榀构架间由檩条和拉枋联结，形成凉山彝族独特的穿斗式构架（图 5-17）。檩柱间每隔一根或多根增设不落地的柱，由于檩柱距间距较小，所以不落地柱可以骑在纵向穿枋上（图 5-18）。穿枋穿出檐柱后即成为挑檐枋，承托挑檐檩，而挑檐的枋头作成牛角状，向上微翘，于是，穿枋纵向贯穿全屋两头出挑起挑梁作用。较之于汉式穿斗式结构，凉山彝族穿斗式结构简单而实用，既没有复杂的斗枋，也没有椽条。

图 5-16　每排柱间密施穿枋　　图 5-17　每两榀构架间由檩条和拉枋联结

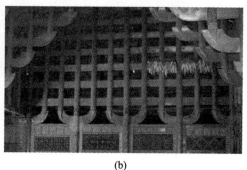

(a)　　　　　　　　　　(b)

图 5-18　架在穿枋上的不落地柱

4. 搁架式结构（也称拱架式结构）

搁架结构是凉山彝族建筑中最具民族特色的屋架结构，很少见诸于汉式建筑中，可以说是凉山彝族独创的一种结构形式。也有学者认为这是一种隔多柱落地式穿斗式的变种。普通穿斗式结构形式是纵向或横向的，但是凉山彝族搁架结构，除纵向和横向以外，还出现了斜向的结构。

从仰视图来看大致可分三种，横跨小的其仰视结构图形类似于汉字的"一"字形或"十"字形，跨度大的呈"※"形，无横向搁架（图 5-19 ~ 图 5-23）。这种结构的功能是根本上解决彝族房屋空间跨度大（纵跨、横跨）和层高高的受力问题。所以搁结构多与穿斗式结构结合构成凉山彝族独具特色的大型全木构瓦板房。

(a) "一"字形　　　　　(b) "十"字形　　　　　(c) "※"形

图 5-19　凉山彝族民居的搁架结构

在大型全木构瓦板房结构中，搁架结构多用于正房的堂间。其形式是以前后檐柱为主柱，沿进深方向每搁榀穿斗屋架的各层穿枋由檐柱开始同时向室外，由下而上层层悬挑，悬挑的方头做成牛角拱形式，由檐柱处向内外两侧由下而上依次层层承托相邻的内侧檩柱，直至屋脊下悬空中柱，以堂间左右两侧中柱为主柱向堂间中心出枋，然后又以同样方式悬空，形成纵横交错的一榀榀的搁架。这种搁架结构在实际修建中完全由彝族工匠根据屋主的要求而灵活设计使用。如层高要求高，那么建筑搁架就大，搁架层级就多。一般 5 ~ 7 层，最高 9 ~ 11 层。因此，这种建筑形式对木材采用量较大，比较适用于森林植被较好，木材供应较便宜的凉山腹心地区。凉山彝族奴隶社会中等级较高的富裕家庭多采用此种结构形式，甚而成为炫耀财富的一种形式。

此外，凉山彝族民居的屋架结构上还有瓜柱，位于每榀构架的正中处，支撑脊檩的重量（图 5-24）。

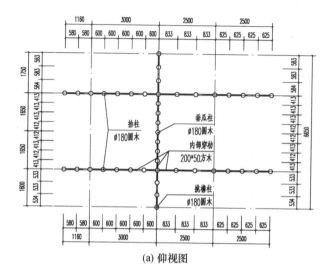

(a) 仰视图

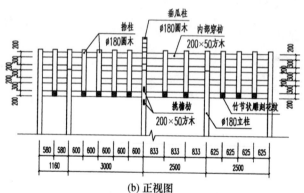

(b) 正视图

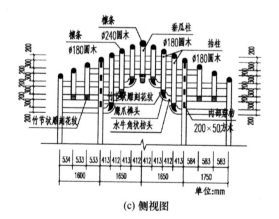

单位:mm

(c) 侧视图

图 5-20　"一"字形结构（五架三跳）

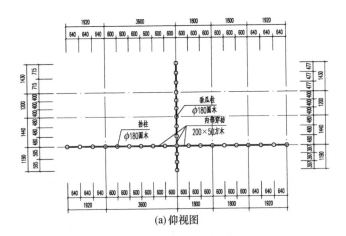

(a) 仰视图

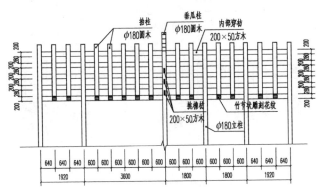

(b) 正视图

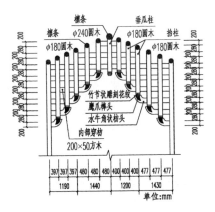

单位:mm

(c) 侧视图

图 5-21　"一"字形结构（七架五跳）

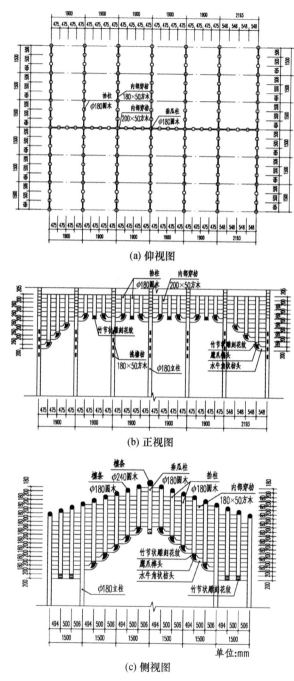

(a) 仰视图

(b) 正视图

单位:mm

(c) 侧视图

图 5-22　"十"字形结构（九架五跳）

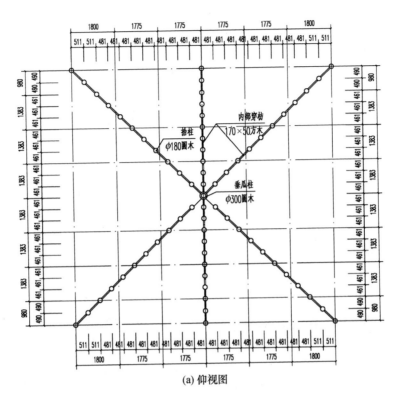

(a) 仰视图

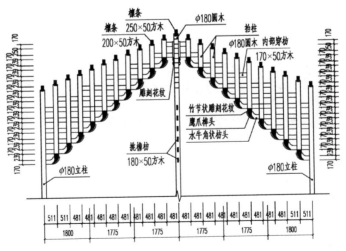

(b) 正视图

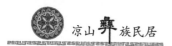

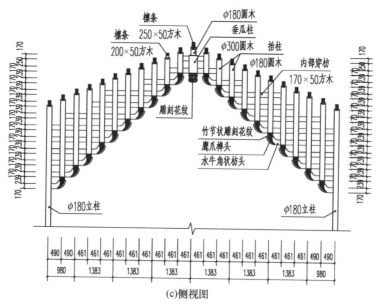

图 5-23　"※"形结构（十一架九跳）

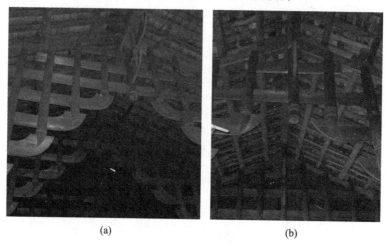

(a)　　　　　　　　　　　(b)

图 5-24　支撑脊檩的瓜柱

　　屋面重力传递以两种方式解决：第一种是重力由檩条传至檩柱，再由上而下，依次传递到各牛角拱直至檐柱，或同样原理将屋脊重量传至堂间左右中柱，最终将重力传递到地面（图 5-25）；第二种是以檐柱为中心，穿过檐柱的穿枋在内外两侧以出挑的牛角拱将彼此平衡檐柱内外两侧垂柱传递下的部分屋顶荷载（图 5-26）。

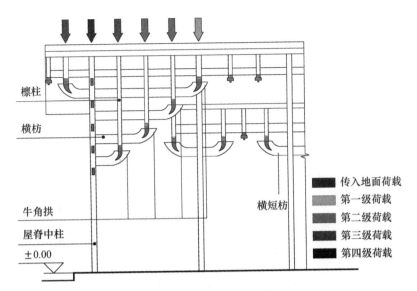

图 5-25 凉山彝族搁架结构荷载传递图示

标注：
- 檩柱
- 横枋
- 牛角拱
- 屋脊中柱
- ±0.00
- 横短枋

图例：
- 传入地面荷载
- 第一级荷载
- 第二级荷载
- 第三级荷载
- 第四级荷载

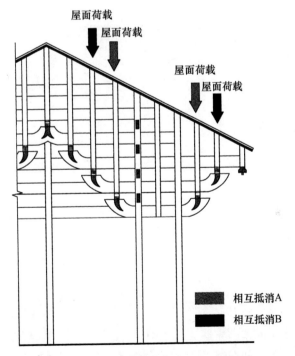

图 5-26 凉山彝族搁架结构荷载平衡图示

标注：
- 屋面荷载
- 屋面荷载
- 屋面荷载
- 屋面荷载

图例：
- 相互抵消A
- 相互抵消B

5.2.4 门拱

汉族建筑中斗拱是最具结构特点的构件，用于房屋柱顶、额枋、屋檐或架梁间的构件。宋《营造法式》中称为铺作，清工部《工程做法》中称为斗拱。斗是斗形木垫块，拱是拱形的短木，拱架在斗上，向外出挑，拱上再安设斗，依次垒上成托架。其作用是有二：一是传递屋檐重量于落地柱；二是增加出檐深度。而凉山彝族全木构瓦板房位于檐柱上的十字形搁架就是汉族斗拱的简化。十字形搁架穿插于檐柱，两侧支柱直接承接檩子和排架椽子，其作用与汉族斗拱一致，只是传递载荷方式略有不同。也可以说是汉族建筑斗拱在凉山彝族全木构瓦板房的十字形搁架的演化，两者有明显的承继关系。

凉山彝族民居的门拱分为内檐拱、外檐拱和转角拱。内檐拱和外檐拱一般在穿枋枋头处，榫卯处做成水牛角状，其上饰以竹节状花纹（图5-27、图5-28）。角科拱也较汉式转角斗拱简单，和挑檐拱一样，由室内穿枋直接伸出承重（图5-29）。

| (a) | (b) | (c) |

图 5-27 内檐拱

| (a) | (b) | (c) |

图 5-28 外檐拱

(a)　　　　　　　　　　　(b)　　　　　　　　　　　(c)

图 5-29　转角拱

　　凉山彝族民居中的搁架结构与斗拱一样是一种以榫卯穿插为结合方式的结构体系。与同时期的汉式斗拱相比，有着共同特点即是出现檐柱柱头挑枋承檐檩，且均为平面体系，未成立体；但不同处在于，搁架体系的拱架是直接穿插在柱身上的，而汉代斗拱已经出现了明显的柱头大斗（后称栌斗）构件（图 5-30）。斗拱直接承檩或梁，而搁架体系中出挑的牛角拱不是直接承檩或梁，而是通过承檩下短柱间接承檩的, 并在檩下短柱间起到连接作用（图 5-31、图 5-32）。

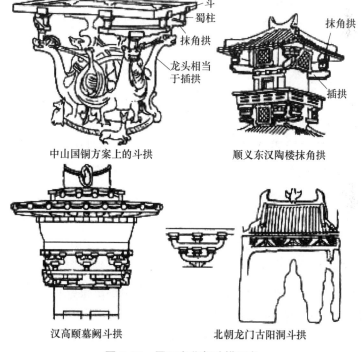

斗
蜀柱
抹角拱
龙头相当
于插拱

抹角拱
插拱

中山国铜方案上的斗拱　　　　　　顺义东汉陶楼抹角拱

汉高颐墓阙斗拱　　　　　北朝龙门古阳洞斗拱

图 5-30　周至南北朝斗拱形象

图 5-31 斗拱直接承檩或梁   图 5-32 牛角拱通过短柱间接承檩

　　汉式斗拱发展到后来成为横向纵向同时出挑的立体承力结构，与柱、梁、檩等构件结合受力拉结使得结构整体在立体空间内更为稳定坚固，有效地解决了大型建筑既要加大空间又要有效保证结构稳定的要求，多用于宫殿、寺庙等大型建筑中。而搁架结构中的牛角拱尽管在与檩下短柱交接处形成类似斗的竹节状连接构件，其承力状况又有抬梁式结构的影子，但始终没有向立体空间发展，仅保证了进深方向的平面拱架体系。这既是凉山彝族落后社会形式导致科学技术水平无法提高的表现，也是由于凉山彝族社会始终没有出现大型官式建筑而产生的结果。这样可看到，搁架结构始终保持了与较原始低级的斗拱结构之间的相同点。

　　关于搁架结构的调研中，始终没有其准确的出处来源。其技术并无书面记载，主要为师徒口传，尺寸计算也以彝族独特的人体计算单位为标准，但做工极为精巧。有彝族工匠称这种技术是由古代彝族工匠从汉族建筑工匠处学得，由于不能记录，只好在脑中记之，口口相传并加以发展而形成的。

　　斗拱出挑的跳数同时也代表了封建社会中森严等级制度，而搁架结构也同样存在这一功能。搁架中横枋数为单数，牛角拱出挑数也为单数，并且出挑数越多代表主人地位越尊贵（表5-2）。

表 5-2 凉山彝族住居不同条数挑檐枋形成不同的挑檐深度

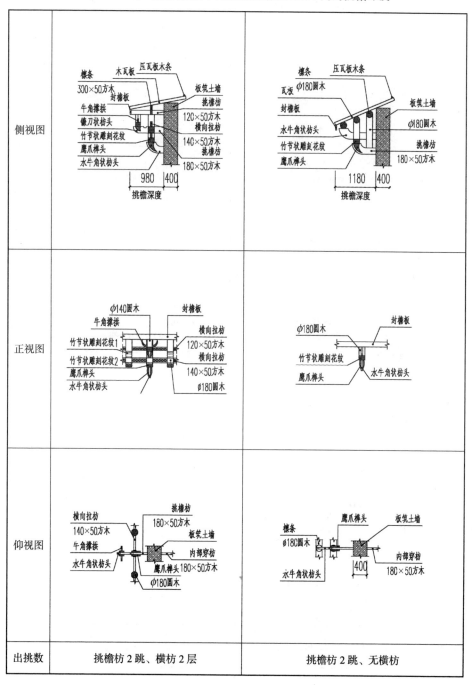

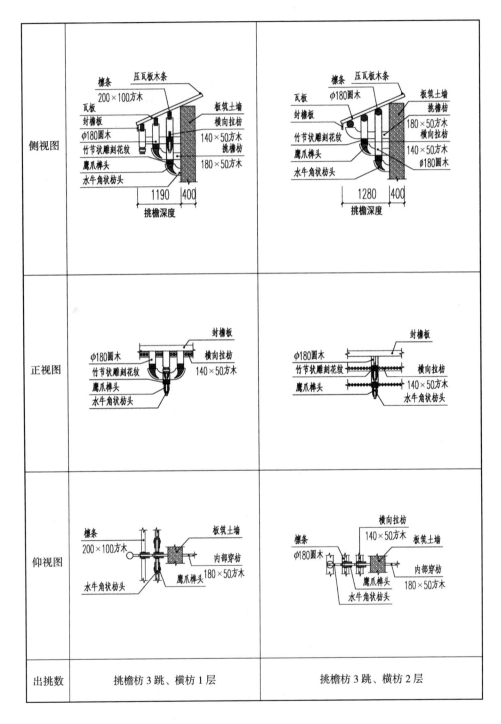

侧视图	檩条 200×100方木 瓦板 封檐板 φ180圆木 竹节状雕刻花纹 鹰爪榫头 水牛角状枋头 压瓦板木条 板筑土墙 挑檐枋 横向拉枋 140×50方木 挑檐枋 180×50方木 1190 400 挑檐深度	檩条 瓦板 封檐板 竹节状雕刻花纹 鹰爪榫头 水牛角状枋头 压瓦板木条 φ180圆木 板筑土墙 挑檐枋 180×50方木 横向拉枋 140×50方木 φ180圆木 1280 400 挑檐深度
正视图	φ180圆木 竹节状雕刻花纹 鹰爪榫头 水牛角状枋头 封檐板 横向拉枋 140×50方木	φ180圆木 竹节状雕刻花纹 鹰爪榫头 封檐板 横向拉枋 140×50方木 水牛角状枋头
仰视图	檩条 200×100方木 水牛角状枋头 鹰爪榫头 板筑土墙 内部穿枋 180×50方木	檩条 φ180圆木 鹰爪榫头 水牛角状枋头 横向拉枋 140×50方木 板筑土墙 内部穿枋 180×50方木
出挑数	挑檐枋3跳、横枋1层	挑檐枋3跳、横枋2层

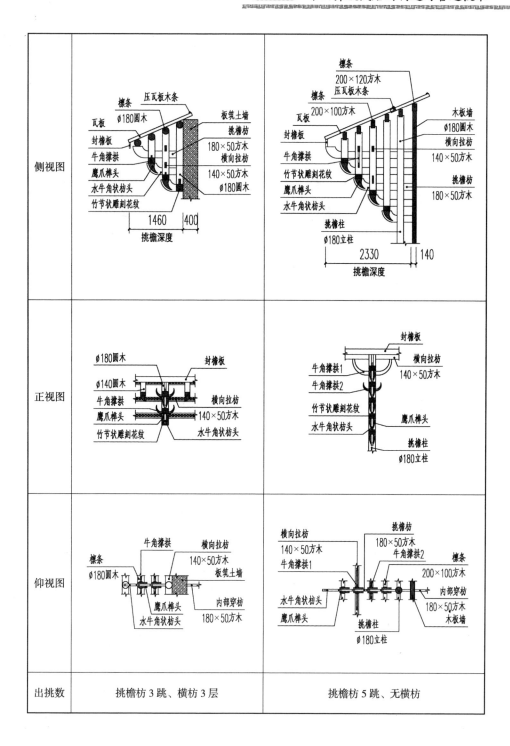

侧视图		
正视图		
仰视图		
出挑数	挑檐枋 3 跳、横枋 3 层	挑檐枋 5 跳、无横枋

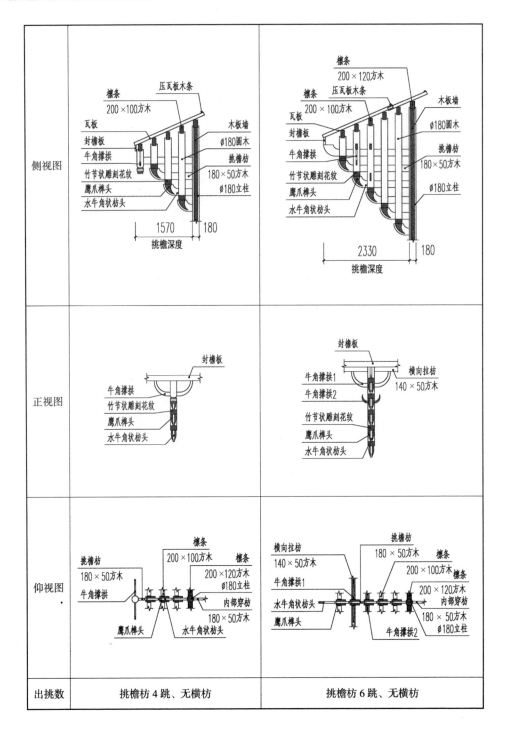

侧视图	
正视图	
仰视图	
出挑数	挑檐枋4跳、无横枋
出挑数	挑檐枋6跳、无横枋

侧视图（左）： 檩条　压瓦板木条　200×100方木　瓦板　木板墙　封檐板　Ø180圆木　牛角撑拱　挑檐枋　竹节状雕刻花纹　180×50方木　鹰爪榫头　Ø180立柱　水牛角状枋头　1570　180　挑檐深度

侧视图（右）： 檩条　200×120方木　压瓦板木条　檩条　200×100方木　木板墙　瓦板　Ø180圆木　封檐板　挑檐枋　牛角撑拱　180×50方木　竹节状雕刻花纹　鹰爪榫头　Ø180立柱　水牛角状枋头　2330　180　挑檐深度

正视图（左）： 封檐板　牛角撑拱　竹节状雕刻花纹　鹰爪榫头　水牛角状枋头

正视图（右）： 封檐板　牛角撑拱1　牛角撑拱2　横向拉枋　140×50方木　竹节状雕刻花纹　鹰爪榫头　水牛角状枋头

仰视图（左）： 挑檐枋　180×50方木　牛角撑拱　檩条　200×100方木　檩条　200×120方木　Ø180立柱　内部穿枋　180×50方木　鹰爪榫头　水牛角状枋头

仰视图（右）： 横向拉枋　140×50方木　牛角撑拱1　水牛角状枋头　鹰爪榫头　挑檐枋　180×50方木　檩条　200×100方木　檩条　200×120方木　内部穿枋　180×50方木　Ø180立柱　牛角撑拱2

5.3 墙壁

5.3.1 生土墙

凉山彝族民居的普遍形式是板筑生土墙。生土木构房墙体均为板筑生土墙，木构瓦板房除凹廊处为木板墙，其余部分也是土墙（图 5-33）。

（a）全土墙　　　　　　　　（b）全土墙　　　　　（c）除凹廊外为土墙

图 5-33　斗拱直接承檩或梁

作为中国古代大多数民居的选择，土墙具有它独特的优点。

（1）取材便捷

凉山州属于山地地势，土量丰富，土质较好，取之不竭，用之不尽，土墙式民居也应运而生。

（2）保暖性能好

这种板筑土墙的夯筑方式和前面提到的板筑院墙是相同的，只是厚度稍薄，但也在 25 ~ 30cm。板筑土墙打墙的顺序是按顺时针方向旋转着依次夯筑各面土墙，土墙表面涂牛粪和泥土混合涂料。由于凉山地区的高山气候，冬日严寒、夏天暴晒，季节温差较大，牛粪的温度变形系数同泥土接近，因此涂抹在墙体表面不会因冷热系数不同而导致土墙开裂。这样，厚实的土墙会严密地围护室内空间，保持室内温度，同时由于有效的面层处理方法也保证了墙体强度和寿命。

（3）良好的防卫作用

凉山彝族的建筑文化是建立在特定时期的社会文化基础之上的。同样，

出于军事防卫要求,在保温的同时,坚固厚重的墙体也可作为抵抗防御的围墙。在越西县的一些民居房屋土墙上有可开启的小孔,作为据守在房屋内向外打击的射击孔(图 5-34)。

图 5-34　土墙上的射击孔

5.3.2　木板墙

1.外墙

木板墙在凉山彝族民居中的出现是代表了房主人的地位和富裕程度的,一般在木构瓦板房民居和少量生土木构架民居内出现。而整体客观环境的制约注定木板墙多出现在房屋内部,如果外墙出现木板墙,其保温与防卫的功能是不容易实现的,因此,外墙的木板墙更多是和板筑土墙结合,在外部凹廊处,或在土墙外层,主要起装饰作用。

(1)装饰意义

在木构瓦板房中,中部凹廊处外墙为全木板墙。一般分为三段:约 1/2 墙高下部为第一段,在柱间加木框架箍嵌木板为墙,木板拼合样式较多,花样较复杂,房门也位于第一段;由墙高 1/2 至 3/4 处为第二段,一般在这一部分开较小的木格花窗,木窗形式多样,是正房正面的重要装饰区域;墙高 3/4

以上处为第三段，仍以木框架箍嵌木板做墙，但拼合样式简洁，多平行拼合或如砌砖样的丁字拼合几何花样（图 5-35）。

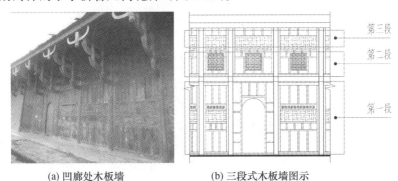

(a) 凹廊处木板墙　　　　　　(b) 三段式木板墙图示

图 5-35　凉山彝族民居外木板墙示意图

除凹廊处为全木板墙外，木板墙还可与土墙结合。凹廊两侧的外木板墙可以与生土墙形成双层墙，木板墙在外，间以檐柱相隔，土墙内也有檐柱，由此形成双檐柱结构。外檐柱纯粹就是为了箍嵌木板墙所设，结构上仅起辅助联系构架的作用，装饰意义大于结构意义。这部分外木板墙一般只在第一段以木框箍嵌木墙板，墙高 1/2 以上就暴露出第二层的板筑土墙了（图 5-36）。

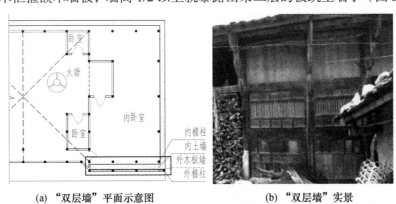

(a) "双层墙"平面示意图　　　　　　(b) "双层墙"实景

图 5-36　凉山彝族民居"双层墙"

（2）其他意义

木板墙同样具有防御功能的设计。如凉山博物馆仿建依诺区木构瓦板房民居，中部木墙内侧设夹层并在夹层处开小方形射击孔作为防御之用（图 5-37）。

图 5-37　凹廊木板墙上的射击孔

2. 内部隔墙

内部木板墙一般运用在侧间与堂间的分隔墙上。侧间二层楼板高度以下是一定有木板墙的，木板拼合简单，多平行拼合并且有连续的木格花窗设计，当然，这里木窗的主要功能不是采光，更多的是起装饰效果。在木构瓦板房侧间二层楼板以上，穿枋与檩柱间嵌以木板形成木板墙，在多数生土木构架民居中则不设挡板。在富裕的诺合家庭，还有在正房后墙内侧装饰一整面后墙的木板内墙，类似于现在的内装修，木板墙上同样开装饰性木格花窗，内居室环境显得富丽堂皇，木板墙的装饰效果十分突出（图 5-38）。

(a)

(b)

图 5-38　凉山彝族民居内木板墙

5.3.3 木椤墙

木椤墙主要应用于井干式结构的房屋中，一般位于植被繁茂、气候干燥的山顶。墙体是承重墙，直接在墙上搭檩条，室内无柱子。墙体的构造方式很是奇特，将圆木或半圆木两端开凹槽，两两垂直扣紧，组合成矩形木框，再层层相叠作为墙壁。另外，如果有室内分隔，就要复杂得多，也采用圆木垒加的方式，并与外墙交叉相接，因此连接处就需要更多的卡口（图 5-39）。

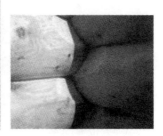

(a) 外墙交叉相接   (b) 内墙交叉外露   (c) 圆木的衔接细部

图 5-39 凉山彝族民居木椤墙

由于木材的长度有限，统一长度更是困难，因此木椤墙体的开间和进深一般由树木的长度而定，较少开窗，主要的采光口是门。木椤墙一般不作装饰，保持木材的原有色彩，有些甚至不去除树皮，看起来有一种粗犷的自然美感。

5.3.4 石砌墙

在山石较多，离茂盛植被较远的山区，就地取材的首要因素使得彝族人建造了石砌房屋。其中包括全石砌墙，也有用于通风的半石砌半木构的墙体，木料不够的用草杆、篾条代替（图 5-40）。

另外，彝族人一般以家为建造单位，房屋由围墙围绕起来，石砌墙正好是简易又快速的建造方式（图 5-41）。

图 5-40　凉山彝族民居半石砌墙　　　图 5-41　凉山彝族民居石砌围墙

5.4　屋顶

5.4.1　坡屋顶

1. 木瓦板坡屋面

（1）格霏屋面

"万物格霏观"是以生物雌雄性属为源意发展起来的，引申为万物无论有无生命，均为有"格"有"霏"，相互对立，相互消长，同时相互联系，相依相存。万物正是靠各物种"格霏"两性的交配生殖繁衍而来。这种观念使得彝族人认为万物均有生命，与人类共生，这是彝族先民遗留下来的朴素唯物论，符合自然与社会发展的规律。

凉山彝族民居正房屋顶多为双斜面人字形，在空间上有高矮前后之分，体现了"格""霏"的区别。以正房门户方向为标准,门户墙上半坡屋顶为"格"；后墙上半坡屋顶为"霏"（图 5-42 ~ 图 5-44）。空间关系上，在屋脊两坡屋顶交接处"霏"顶向上伸出屋脊，"格"顶位于"霏"顶之下。据凉山州语委阿余铁口先生介绍，屋顶之所以形成上"霏"下"格"的形象，是因为凉山彝族尤其看重家居保佑家人生活，屋顶形式暗喻男女房事时，女性头部超出男性头部，男子由下而上,这样的暗示可以令自家人丁兴旺。这种上"霏"下"格"的标准是一种特殊情况，一般区分标准都是上为"格"下为"霏"，前为"格"后为"霏"，左为"格"右为"霏"，如凉山彝族民居院落，前院为"格"，后院为"霏"（图 5-45）。

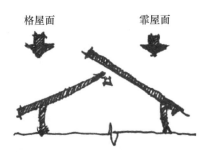

图 5-42 凉山彝族格霏屋顶示意图

图 5-43 凉山彝族格霏屋顶实景

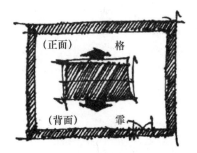

图 5-44 凉山彝族格霏屋顶内部　　图 5-45 凉山彝族院落的格霏空间示意图

瓦板也有"格霏"之分，无论纵横，在上的瓦板为"格"，在下的瓦板为"霏"（图5-46、图5-47），并每隔一到两年将上下瓦板翻转且互换，以使瓦板内外均晒干防潮。从客观上来看，"格""霏"的转化同时成为极形象地表达"万物格霏"互为依存、互为转化的生动例子。凉山彝族十分看重家居的瓦板，认为是家产中极珍贵的财富，带有家人的气息血脉。凉山彝族历史上有频繁迁居的行为，迁居时旧居屋架、柱梁等统统抛下，但一定要带着屋面瓦板，并代代相传，在调查中有相传长达百年以上的例子，凉山彝族人对瓦板的珍惜可见一斑。

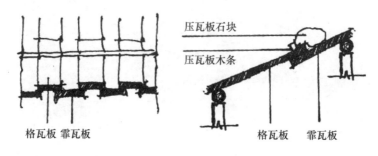

(a) 平面示意图　　　　　　　(b)剖面示意图

图 5-46　凉山彝族民居屋面格霏瓦板示意图

(a)　　　　　　　　　　　　(b)

图 5-47　凉山彝族民居屋面格霏瓦板

此外，凉山彝族木构瓦板房不开窗或少开窗，只开门，门也是以低矮为善，主要是从防风、保暖的角度考虑。凉山地处山区，春冬两季风大，为了保持屋内温度和湿度，只开一个小门。但是由于凉山彝族使用火塘，没有专门的烟道，屋内的空气需要不断流动，以免火塘产生的大量二氧化碳堆积形成对人、牲畜的威胁。于是要求屋顶前后两面坡必须错缝，这样便于有害气体能及时上排出屋。因此，大门和部分小窗就形成了进气口，屋顶错缝成了出气口，有毒的废气又由于火塘的不断加热而上升，由此形成大门—火塘—屋顶错缝的屋内空气流动布局（图 5-48）。这也是凉山彝族木构瓦板为什么要求开门处的屋顶瓦板在下，屋顶后的瓦板在上，以及开窗需开在屋檐下口的真实原因，只有这样才能在屋内形成一个上下循环的气动布局。

(a) 屋顶错缝　　　　　(b) 格霏屋面形成的烟囱效应示意图

图 5-48　凉山彝族民居室内空气流动布局

（2）屋顶造型所蕴涵的建筑技术

"格""霏"屋顶于屋脊处交叉时彼此形成约 50cm 的高差，由于高差，在屋脊处又出现了"天缝"的交错缝。交错缝的作用：一方面可辅助采光，天光沿交错缝呈带状散射入户，形成的光影效果十分幽雅；另一方面，由于彝族人惯于在屋内锅庄烧火做饭，格霏屋顶的交错缝又起到了拔气通风的烟囱效果，烟尘熏炙屋顶瓦板，使瓦板表面变黑，起到天然的除虫防潮作用。同时，"霏"屋面搭接到"格"屋面处，还自然形成了滴水的构造，防止了雨水的回流。凉山彝族民居屋脊交错缝的设计结合文化和技术的意义于一体，充分体现了彝族人高超的建筑技巧。

2. 草顶坡屋面

草屋顶是彝族民居中一种较为简单的结构体系。从下至上把草由檐口到屋脊顺序叠加铺盖，每层草上压篾条，篾条和屋架拴紧，到屋脊处时两边的

草交叉，然后上面又铺草，顶上放篾条，用绳子把篾条和下边木梁勒住，夹住屋脊的草（图5-49）。

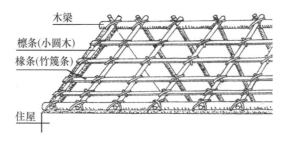

图 5-49　凉山彝族草顶屋架示意图

如图 5-50 所示，其柱网布置与其他形制的彝族民居相似，平面横向布置四排柱子，每排三根，将建筑空间分隔为三间。外围一圈柱子用圈梁连接，最中间的两根中柱升高，柱头用横向的脊檩连接，并向两端出挑，形成屋脊。用斜撑的圆木将中柱的柱头与中间前后金柱的柱头相连接，并在进深方向用承重和进深枋将整排柱子连接起来，其上布置楞子和楼板，形成稳固的三角形受力结构。再用木条将最外围的圈梁与脊檩进行斜向的搭接，作椽之用，椽子上捆绑横向的细木条以承托其上层的茅草，茅草上再覆盖泥巴，用于保护茅草，提高建筑屋顶的耐久性，即形成草房的四坡屋顶形制。这种结构已经具备了一定的结构的概念，但其结构简单，稳定性和坚固性较差。楞子和楼板只是对建筑的屋顶空间进行分隔，当建筑空间紧张时，其上可储物或住人，但没有形成二层的空间。

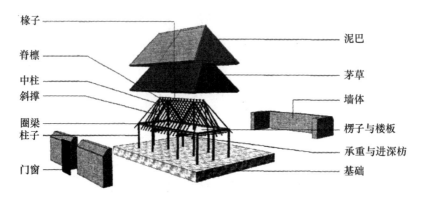

图 5-50　凉山彝族草屋面建筑结构体系示意图

3. 青瓦坡屋面

瓦屋面的做法与草房相似，是草房在汉族建造技术影响下的演化结果。由于瓦技术的成熟与普遍，建筑的屋顶材料由茅草换成青瓦（图 5-51）。又由于瓦的物理性能的优化，使瓦可以直接挂在椽子之上，而无需其他构造层承托。但由此也减少了建筑的保温层，使室内舒适度有所降低。出于经济方面的考虑，瓦房的屋顶中部用板瓦代替部分筒瓦，从而造成建筑屋顶形态的变化。

(a)   (b)

图 5-51 凉山彝族民居正房由青瓦代替木瓦板

5.4.2 平屋顶

土掌房，又名土库房，是一种土墙土顶的泥巴房。土掌房的屋顶形式都是平屋顶，彝族的土掌房与藏式石楼非常相似，一样的平顶，一样的厚实（图 5-52、图 5-53）。当土墙风干、晒干后，把加工好的圆木头架到墙顶上作为主梁，再酌距离搭放一些横梁，接头处用加工好的榫口卡接，一卡接上去，往往就严丝合缝，牢固难散脱，也有的是在接头处再钉上一些长钉子。其他空间就平行搭放上加工得厚薄均匀、表面光滑的木片、柴块，木板、柴片之间的缝隙处用松枝或者柏枝、竹枝、蕨菜枝等填塞充实，再在上边铺上一层厚厚的山茅草，草上敷一层红泥，然后上边再铺放一层干红土沙泥，经捶实后，就形成了平台房顶。

如示例的土掌房（图 5-54）正房以纵向的四榀梁架将空间横向分隔成三开间布局。每榀梁架纵向布置三根柱子，用承重和进深枋做纵向的拉结。承重上横向布置密勒式方木称为楞子，将各榀梁架进行横向的拉结，形成整体的框架。在楞子上，沿与其垂直的方向铺长条形木板做楼板。建筑二层的结构与

一层相似。纵向用梁、随梁枋连接柱子，梁较粗在上，起主要的拉结和承重作用，随梁枋较细位于下，起到加固的作用。梁上密勒式布置楞子，楞子上与其垂直方向铺半圆木或木板，其上再铺松毛，松毛上以生土夯实做屋顶。

图 5-52 藏式石楼平屋面

图 5-53 彝族土掌房平屋面

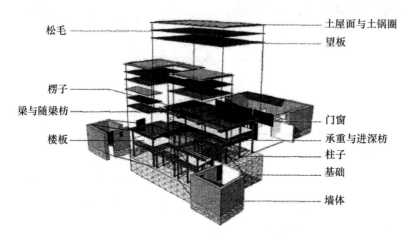

图 5-54 凉山彝族土掌房平屋面建筑结构体系示意图

屋顶的四周用梁和圆木向外各出挑 40cm 左右的出檐，保护墙体和木结构，并在梁的端头用封檐板保护梁头。横向的楞子除了起到横向拉结的作用外，还有承托上层的半圆木和来自屋顶的荷载的作用。半圆木一根紧挨一根，中间不留缝隙，以承托其上的松毛，相当于望板的作用。由于松毛本身具有一定的油脂，所以松毛除了有隔热保温和承托生土的作用外，还有防潮的作用，以保护下面的木结构。生土夯实后可以防止雨水渗透，起到瓦的作用。但是由于夯实的生土平整、结实、所需的排水坡度比瓦较小，所以在平屋顶的构造做法上选用生土夯实，而瓦则不能成立。同时由于生土的隔热性能较强，在干热的气候下，大大增加了室内环境的舒适度。

 ## 5.5 小木作

5.5.1 门

1. 院门

院门与围墙构成一体，但是凉山彝族对开院门较为注重风水观念。即特别忌讳院门与正房门相对而开，一般院门开在正房的侧墙或后墙处。其功能一方面起到防风保暖和注重私密性的作用；另一方面也起到军事防卫作用，因为碉楼设置在院墙的转角处，进入院门区域的敌人首先就会被碉楼的射击孔火力所覆盖。所以院门、院墙、碉楼共同组成凉山彝族民居军事防卫体系。院门有单扇开，也有双扇开。一些顶部有屋檐，有些没有（表5-3）。

表5-3 凉山彝族民居院门形式一览表 mm

	院门照片	正立面图	剖面图
院门一			
院门二			

2. 大门

凉山彝族民居一般只设正面入户门，是建筑主要的采光口，同时也是家人出入室内外的唯一通道。

入户门的设计是有特定规律的。首先，入户门的位置不会设于正房中间，以凉山彝族的传统，其先祖属凉山彝族先祖古侯家支的人家将入户门开于正房堂间左手边，属曲涅家支的人家开在右手边。同时，这种入户门开于堂间一侧的设计也使外界的寒冷气流不至于直接进入堂间。其次，入户门有独特的双层构造设计。木门一般由前栅门和后板门两部分组成，前栅门只可朝外开，用若干（总数应为单数）竖向木条结合三段木横挡钉合而成，竖向木条顶端会雕刻一些花纹；后板门为实木板，只可向内开，上半部为拱形，下半部为矩形，门较窄，净宽约 1.1m 左右，门高约 2.1m，但门下有高约 0.5m 的门槛，所以门口净高在 1.6m 左右（表 5-4）。后板门上有一根精巧的木锁门闩，精巧之处就是由于山上风大，门闩会很巧妙地在门外方便地从门内部将门闩上，以免门被风吹开（图 5-55）。后板门为主要门，晚间休息或天气恶劣时关上，平时将前栅门关闭即可。

表 5-4　凉山彝族民居大门形式一览表　　　　　　　mm

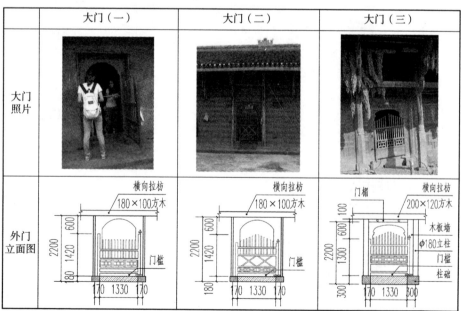

续表

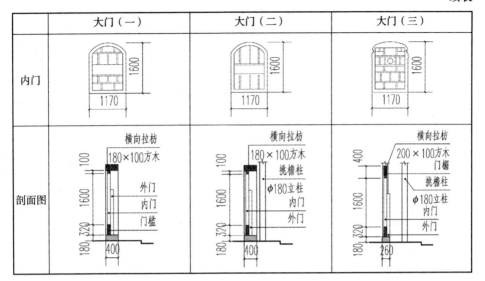

	大门（一）	大门（二）	大门（三）
内门	1600 / 1170	1600 / 1170	1600 / 1170
剖面图	横向拉枋 180×100方木 100 1600 1600 180、320 外门 内门 门槛 400	横向拉枋 180×100方木 挑檐柱 φ180立柱 内门 外门 400	横向拉枋 200×100方木 门楣 400 挑檐柱 φ180立柱 内门 外门 260

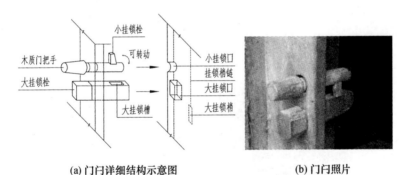

(a) 门闩详细结构示意图　　　　(b) 门闩照片

图 5-55　凉山彝族民居入户门特别的门闩

入户门上常有门楣，门楣刻太阳、月亮、鸟兽等象征自然界中神灵的图案以示敬畏崇拜。同时，如果家人患病或家中有不顺之事，除开药看病外，多请毕摩进屋作法驱邪。作法仪式最终多以各种方式在入户门处结束，根据巴嫫曲布嫫教授介绍，在其作田野调查时，见毕摩作法将蛊惑患病之人的鬼捉住封于土坛中，将土坛挂于入户门门框侧，门框上沿挂羊骨镇鬼；又有实例，家人成员外出凶死，为防凶灵入户，毕摩作法后将小鸟尸体穿于竹签上插入门框上沿墙体，加以水牛角避邪（图 5-56）。由此可见，历来凉山彝族的神鬼观影响着门户的表现形式。

(a) 封鬼土坛挂于户门侧　　　　　(b) 毕摩作法后将小鸟尸体挂于门前

图 5-56　凉山彝族民居入户门上悬挂驱邪物

3. 内部隔断门

凉山彝族民居内部一般不设正式的门，只是开设门洞。主要开向卧室，床直接挨着卧室门，用布帘遮住。另外，堂间至生产资料用房也开设门洞（表 5-5）。

表 5-5　凉山彝族民居内部隔断门形式一览表　　　　　　mm

	内门照片	内门立面图
隔断门（一）		横向拉枋 160×50方木 木板墙 φ180立柱 地栿 500　2030　200 190　900　100
隔断门（二）		横向拉枋 160×50方木 φ180立柱 地栿 500　2030　200 190　1600　190

5.5.2　窗

1. 外墙窗

凉山彝族传统民居墙面极少开窗，甚至不开窗，窗也多在木构瓦板房中出现。开窗位置较高，一般在墙 1/2 ~ 3/4 处，其主要作用不是采光，更多地是为了通风、瞭望和装饰（图 5-57）。

(a) 正面墙上的木格窗　　　　　　　　(b) 现代正面墙上的玻璃窗

图 5-57　凉山彝族民居外墙窗

窗体为全木结构的木格花窗，其木格花是彝族工匠用手工拼合而成的。窗子较小，约 0.5m×0.9m 见方，窗子中不用一根钉子，具体方法是用小木条按设计图案立体拼接，最后用木框将木格花框箍挤压结实。窗子多开于凹廊的木墙上。

花窗样式完全出自匠人或主人的自创，花样自由潇洒。老宅木窗多为几何构图且以规律性重复为设计脉络，即使出现玉米、麦穗等农作物形象或山体、河流、花朵等自然物形象也多为抽象图形，极少出现具象花样。花样图形多有含义，如两个二角形以尖对立图案为"财富""高地位"之意，以暗示房主身份。近期花窗样式受汉族民居影响，出现铜钱等新图案（表 5-6）。

2. 内部装饰窗

部分凉山彝族民居除在外墙上开很少的木格花窗外，也会在室内木板墙上添加一些木格花窗，这些花窗没有了原本的采光功能，只做装饰用。富裕的诺合家宅在室内木墙上开装饰性花窗，多为原木色，现也有加以颜色的做法（图 5-58、表 5-7）。

表 5-6 凉山彝族民居采光花窗样式一览表

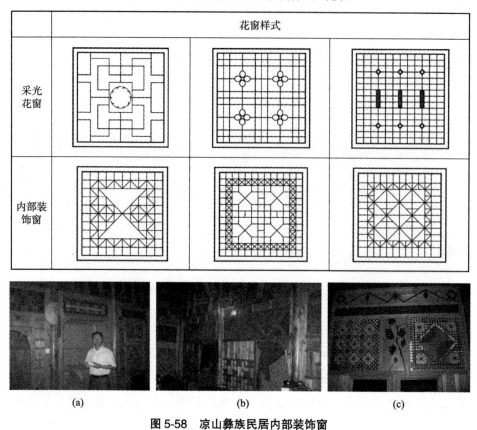

	花窗样式		
采光花窗			
内部装饰窗			

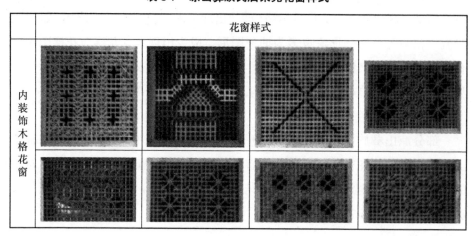

(a)   (b)   (c)

图 5-58 凉山彝族民居内部装饰窗

表 5-7 凉山彝族民居采光花窗样式

	花窗样式			
内装饰木格花窗				

续表

花窗样式			
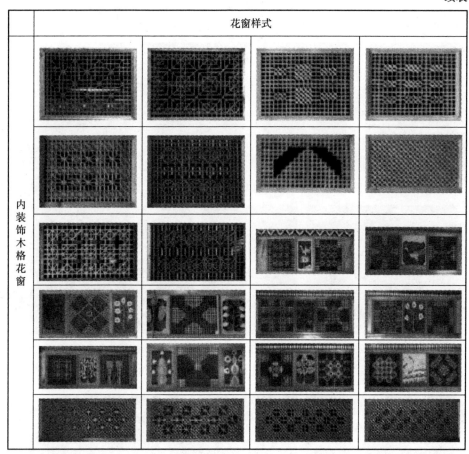			

(内装饰木格花窗)

5.5.3 家具

1. 家具

凉山彝族的居民们生活方式决定了他们的家具并不繁多（图 5-59）。入口右手处放置橱柜；锅庄前方放置一个柜子，供奉祖先及神灵；锅庄上方用木条搭一个架子，用来烘烤食物，以便于存放。床融入了房屋结构中，只开设一个门洞，用布帘遮挡。部分富裕人家也开始添置木床和弹簧床，以及电视、沙发等家具，这说明彝族人们也开始逐渐步入现代化的生活方式。

值得一提的是，由于彝族民居瓦板房基本上都有一个半夹层，用来放置

生产资料等物件,但是并没有楼梯,因此几乎每个彝族人家必备一个木制梯子,这是他们垂直交通的唯一工具(图5-60)。

(a) 入口右手处的橱柜

(b) 木制的衣柜

(c) 隔墙与外墙形成的储藏间

(d) 内部隔墙形成的床

(e) 火塘上方的晾架

(f) 现代沙发、电视与茶几

图 5-59　凉山彝族民居内部家具

(a)

(b)

(c)

图 5-60　凉山彝族民居的垂直交通工具——木梯

2. 陈设

彝族民居中的陈设不像汉族,主要体现出他们的宗教信仰,即祖先崇拜和自然崇拜。彝人们都喜欢将包含家庭几代人的全家福悬挂于门楣,表现出对长辈的尊敬，以及对美好生活的热烈表达（图 5-61）。此外，彝人还将虎皮或牛角挂在门边或墙上，作避邪用，另外，他们还将收获的农作物（如辣椒等）悬挂于穿枋上，体现出对自然的崇拜和感恩（图 5-62）。

(a)　　　　　　　　　　(b)　　　　　　　　　　(c)

图 5-61　凉山彝族民居体现祖先崇拜的陈设——全家福

(a) 牛皮　　　　　　(b) 牛角　　　　　　(c) 农作物

图 5-62　凉山彝族民居体现自然崇拜的陈设——牛皮、牛角、农作物

 ## 5.6　色彩与装饰

李砚祖先生在他的《装饰之道》中给装饰的定义是"装饰是一种艺术方式，它以秩序化、规律化、程式化、理想化为要求，改变和美化事物，形成合乎人类需要、与人类审美理想相统一相和谐的美的形态。"装饰艺术具有明显的依附性，它通过对其他事物的美化和修饰而使自身得以存在，其他事物的发展为装饰提供更多的前提和可能。凉山彝族民俗文化为装饰艺术提供了广泛的表现题材，凉山彝族手工业的发展为装饰艺术提供了大量的装饰载体，二者的巧妙配合，成就了富有地域文化气息的凉山彝族装饰艺术。

装饰所谓的依附性，也只是从物体的使用功能而言，若换一个角度来看，被装饰物体也是这种装饰文化的载体，装饰文化在整个被装饰者中占有主要的价值构成。因此凉山彝族的民俗文化为装饰艺术提供了存在依据，反过来凉山彝族的装饰艺术又丰富和发展了彝族的民俗文化，二者互为前提，相互促进。

5.6.1　民居符号

在凉山彝族的装饰图形中，人们通过对日常生活的观察和体验，将他们认为有意义和具有神奇力量的事物以图形化的方式，来达到对事物进行控制和长久拥有的目的。装饰艺术来源于生活又高于生活，它从"万物有灵"的东方哲学出发，常借助于想象和幻想把自然力神化、形象化，以表达征服自然的思想，反映的是人的集体审美意识及价值判断。在长期进行图形化的过程中，凉山彝族人们逐渐总结和掌握了自己的装饰图形符号，并把这一符号以一种约定俗成的方式世代流传。

凉山彝族的装饰符号主要是对现实生活中具体事物的抽象，主要是一些动植物的图形；一些关于灵魂和鬼怪神仙的幻化图形；一些重要生产和生活工具的图形等等。被图形化的事物，形成凉山彝族装饰艺术中的装饰母纹，并最终被规范化、符号化。凉山彝族的装饰符号从图形母体的角度出发，大致分为以下几类：①植物类符号。②动物类符号。③人文类符号。④自然类符号（表5-8）。从视觉艺术的构成角度可以分为图形符号和色彩符号两类。符号最基本的功能就是能指和所指之间的关系，凉山彝族装饰艺术符号的能指是装饰图形本身，而所指则是这些图形背后所蕴涵的丰富的民俗学或宗教的意义。

凉山彝族装饰艺术在装饰图形的处理手法上是灵活多变的，为了使装饰图形与装饰器具完美地结合在一起，对图形母体采取裂解、重构、拼合等多种常用的装饰处理手法，使图形在不失去原有意义的基础之上，为图形添加新的寓意，当然这种寓意只有在彝族的传统文化语境之内才能被正确的释读和理解。在凉山彝族常用的四类装饰母体中，我们很少看到完整的装饰对象，多数都是以一种简单、抽象的图符号的展现在我们面前。

表5-8 凉山彝族装饰符号图例一览表（1）

植物符号							
花蕾	花	瓜子	南瓜子	蕨草	花叶	蒜瓣
动物符号						
羊角	牛角	鸡冠	鸡冠	蛇	鸡肠/天河	牛眼
猪齿	青蛙	绵羊角	虫纹	猴眼	鸡眼	鱼眼
人文符号						
阶梯	铁链	铁环	指甲/虫牙	发辫/绳花	腿弯	龙纹
窗格	窗户	火镰	渔网	线架	方位	矛
自然符号						
太阳	月亮	星星	星星	云彩	山岳	水纹

（1）原始图腾符号（图腾崇拜）

凉山彝族的宗教和图腾文化是一体的，图腾是宗教得以传播的工具，是维系彝族宗教传统的纽带，通过对图腾的认同，使彝族人得到了民族的认同感，也维护了其民族文化的完整性。为了与神秘的万物之灵产生感应，产生了图腾绘画、图腾雕塑、图腾文身、图腾音乐、图腾舞蹈等，这些巫术礼仪的表现形态就成了图腾信仰的象征符号。凉山彝族的图腾装饰因地因家支体系的不同，相互之间有很大的差别，甚至有互相矛盾的符号出现，例如有的地区彝族的图腾符号是黑虎，有的地方是竹，有的则是葫芦等等不尽相同。

作为彝族建筑文化的载体，居住建筑在装饰上，同样处处体现了彝族的民俗文化（图5-63、图5-64）。民居在锅庄石、大门楣板、檩柱柱头等上面刻、画有丰富多彩的各种花纹、线条及图案，体现着彝族特异的图腾文化。在屋檐檐口处设承檐檩下吊瓜，瓜头雕刻成各种样式，有餐具型、农作物样；锅庄石上雕刻有太阳，以圆为主题刻上连续纹样，同时中部刻有圆形放射状符号，代表太阳，或者雕刻有星星纹样；立柱上刻有代表高山的锯齿形和代表水波或蕨草的简单连续图案等等。另外，竹图腾也是重要的图腾对象，檩柱与横枋牛角拱交接处将卯结构做成竹节样，并于竹节部雕花。

(a) 檐口吊瓜样式

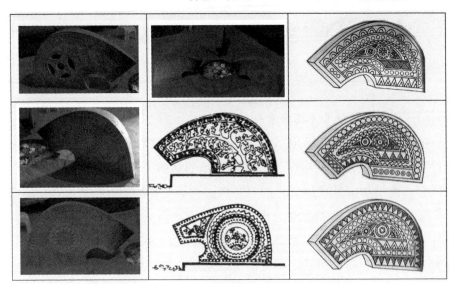

(b) 锅庄雕刻花纹样式

图 5-63　凉山彝族民居丰富的图腾文化（1）

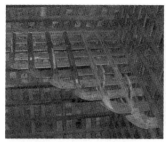

(a) 彝族民居内部的拱架上的雕花

(b) 彝族民居外部挑檐上的雕花及彩绘

图 5-64 凉山彝族民居丰富的图腾文化（2）

（2）自然符号与生活符号

凉山彝族的装饰艺术与其生活状态和文化习俗紧密联系在一起，使用打散、裂解、重构的装饰手法，以自身特有的地域文化习俗和宗教理念为依托，进行装饰艺术创作。在将对象转化为装饰符号的过程中，具有如下特点：一形多意、一意多形、特征化归纳等（表 5-9）。例如作为与日常生活联系密切的一些禽畜的图形符号，并不是完整地将对象图形化，而是进行了大胆地裂解，他们可以将鸡的图形用鸡冠、鸡肠或鸡眼来替构，从鸡这一对象身上就可以分解出直线、曲线、三角形、圆形、点、线、面等基本的图形语素，然后通过这些语素的重组形成装饰语言。

正如普列汉诺夫说的那样"所有一切具有几何图形的花样，事实上都是一些非常具体对象的简约的、有时甚至是模拟的图形。"在这种几何化的处理过程中，有些图形使用了对象的整体形象，虽然是简略的平面化图形，但仍然可以看出其原形的特征，有些图形则采用对象最具有典型特征的局部来代替整体对象，那些以原形的局部作为变化基础的图形，如果不了解彝族的装

饰文化特征，不熟悉彝族的装饰语境，那么这些符号就会成为一堆乱码。例如以 ○ 为太阳这一图案为例，在圆圈外绘上十二个角 ✿，表示一年有十二个月，一日的十二个时辰，以及人的十二属相。圆圈外绘出八角 ✿，这个角数就表示八个方向。在内部添加四角 ◇，则表示东、西、南、北四个方位。这种四方八位十二时辰的表示，以太阳的图形为母形，通过在其内部或外部添加的方式获取新的意义。

表 5-9　凉山彝族装饰符号图例一览表（2）

一形多意		鱼骨/蕨叶/松树/杉树	虎纹/栅栏	指甲/虫牙	鸡肠/天河	发辫/绳花
一意多形	火镰					
	猴眼					
	羊角					
特征化归纳替构	采用对象最具特点的局部来代替整体	猴眼	铁链	铁环	鸡冠	绵羊角
		牛眼	鸡肠	鸡眼	鱼眼	牛角
		螃蟹脚				

　　凉山彝族"瓦板房"的装饰主要集中在房外屋檐部分,装饰纹样因地而异,在建筑构件上绘有各种自然纹样、动物纹样、植物纹样、生活纹样、生产纹样和人文纹样,如指甲纹、山纹、波浪纹、鸡眼纹、铁链纹、墙垛纹、鹰翅纹等(图 5-65)。在屋内的梁坊、拱架、立柱上雕刻有牛头、羊首,横坊坊头也作成牛角样式,穿坊端头悬挑牛角状撑弓(图 5-66)。凉山彝族装饰艺术数千年来极少发生大的变化,已形成为一种稳定的装饰符号语言,成为凉山彝族文化中一道靓丽的风景。

图 5-65　凉山彝族民居外部横枋上的各种纹样

图 5-66　凉山彝族民居牛角枋头及牛角撑弓

5.6.2 民居色彩

相对于复杂的装饰图形符号来说，凉山彝族装饰艺术的色彩体系则显得简单、直接、更富有视觉冲击力。装饰的图形可以是自然风格的，可以对自然现象予以再现，但装饰的色彩往往是纯主观的，在凉山彝族的装饰艺术中，色彩表达的是一种喻意和心理暗示。以黑、红、黄为其传统装饰色彩的三原色，辅以少量的其他色彩，构成装饰艺术的色彩主基调。在凉山彝族的服饰艺术和建筑装饰中还分别有绿色、紫色以及白色等其他少量色彩的运用，但从整体上来说，黑、红、黄三色仍然占据着绝对主导的地位（表5-10）。

表 5-10　凉山彝族装饰艺术中的色彩分布

漆器中的三色分布比例	服饰中的三色分布比例	建筑中的三色分布比例
黑 红 黄	黑 其他 黄 红	黑 红 黄 其他

红色是中华民族喜好的颜色，凉山彝族同胞也视红色为生命之色，在凉山彝族装饰艺术中，红色占有相当重要的地位。凉山彝族对红色的偏爱源于对火崇拜的传统，火是人与自然抗争的有效工具，它在人们的日常生活中起着至关重要的作用。红色与火的紧密联系，通过在装饰艺术中使用红色来达到对火的祭拜，确保日常生活的平安和家人的健康幸福。红色除了与活动和日常生活有关外，还与彝族神秘的灵魂观念有关联，红色既是火的象征色彩，也是血液的颜色，凉山彝族认为红色中包含有人的灵魂在内，当凉山彝族男子在打仗时，出征前头上要包红头帕，或是在英雄结上缠上一段红布，以表达了勇敢、成功的意义。一些彝族建筑的屋檐装饰采用整块大红色上漆木板与"瓦板"衔接，在屋檐形成一块整体的红色装饰条带，其下挂农作物如成熟的玉米、红辣椒或牛羊等动物的头骨作为装饰（图5-67）。

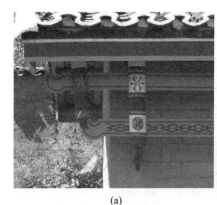 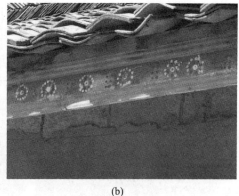

(a)　　　　　　　　　　　　　　　　　(b)

图 5-67　凉山彝族民居中红色的运用

《易经》曰："夫玄黄者，天地之杂，天玄而地黄。"在周代，人们信仰天命，认为天空的颜色是正色，黄色代表大地。中国的"天地玄黄"说，将黑、黄色定为天地的根源色，这就是人类由于崇拜天地而产生的理性意识在色彩上的表现。据考证凉山彝族尚黑最早应源于对土地的崇拜，在土地崇拜观念形成时期，正是凉山彝族处于游牧社会向半游牧半农耕社会状态的转型期间。在祭祀逐渐符号化的过程中，对土地的崇拜转化为对黑色的敬重。凉山彝族在房屋建筑中也以黑色为主要色调，房屋内部由于长期使用火塘，内无灶台和烟囱之类的排烟设施，因此屋内常被熏成一片黑色，这种情况属于对房屋正常使用的结果；而奇特之处在于，凉山彝人新建的住房，需将房屋熏黑之后方可搬入（图 5-68）。凉山彝族的建筑中通常要设置供奉祖先灵位的场所，他们认为祖先喜好黑色，越黑越好，因此供奉之处是被熏的最黑之处。

除黑色和红色外，黄色也是凉山彝族极为偏爱的一种颜色，凉山彝族喜爱的黄色为接近于柠檬黄色相的亮黄色，与汉族地区偏爱黄色的缘由不同，汉族将黄色视为富贵色，在彝族传统中，黄色主要是太阳和光明的象征。

凉山州美姑县的彝族民居屋檐装饰喜欢采用大面积的黑色涂底，墙上悬挂红漆涂染的牛角，体现出一种原始的装饰韵味，也表达了凉山地区彝人以黑为尊的美学思想（图 5-69）。甘洛县的彝族民居多采用将屋檐的柱子分别涂成红、黄等色进行装饰，装饰热烈奔放，效果突出（图 5-70）。昭觉县、布拖县的彝族建筑装饰是凉山彝族中变化最具有代表性，在檐栏、檐柱上绘制传

统的装饰纹样，色彩搭配和谐，纹样变化丰富，表现手法也开始倾向于多样化，运用描、画、刻、填等多种装饰方法，互相补充，相互辉映。屋檐栏板绘制的图案自由活泼，多为随手绘成，不拘于章法，纹样多选用鸡冠纹同时点缀一些动物图形，檐柱部分则多采用凉山彝族传统的牛眼纹、波浪纹、山形纹相结合。

图 5-68　被熏黑的彝族民居

图 5-69　美姑以黑色为底的檐下横枋

(a)

(b)

图 5-70　甘洛县色彩繁复的柱子

参考文献

［1］席田鹿.访谈雷曼教授［J］.美苑,2005,3.

［2］郭黛姮,高亦兰,夏路.一代宗师梁思成［M］.北京:中国建筑工业出版社,2006,8.

［3］方国瑜.彝族史稿［M］.成都:四川民族出版社,1984.

［4］李绍明.从中国彝族的认同谈族体理论［J］.民族研究,2002（2）:31-38.

［5］韦安多.凉山彝族文化艺术研究［M］.成都":四川民族出版社,2004.

［6］四川省彝学会.四川彝学研究［M］.成都:四川民族出版,2002,9.

［7］朱文旭.彝族原始宗教与文化［M］.北京:中央民族大学出版社,2002.

［8］凉山州地方志编纂委员会.凉山州志［Z］.成都:四川民族出版社,2000,5.

［9］林耀华.凉山彝家的巨变［M］.北京:商务印书馆,1995,5.

［10］易谋远.对凉山彝族"家支"概念的研究［J］.西南民族学院学报,1986.

［11］巴莫姐妹彝学小组 巴莫阿依.彝族祖灵信仰研究［M］.成都:四川民族出版社,1994,8.

［12］毛刚.生态视野——西南高海拔山区聚落与建筑［M］.南京:东南大学出版社,2003,7.

［13］阿牛木支.论凉山彝族民房建筑结构及其现代科学思想［J］.凉山大学学报,2001,12.

［14］张方玉,杨显川.彝族的建筑文化［J］.云南民族大学学报（哲学社科版）,2003,5.

［15］冯敏,陈志明.凉山彝族奴隶制民居的建筑艺术［J］.中央民族大学学报（哲学社科版）,1990,6.

［16］石克辉,胡雪松.云南乡土建筑文化［M］.南京:东南大学出版社,2003,9.

［17］阿余铁日.彝族万物"格霏"雌雄观.《中国彝学》第二辑［M］.北京:民族出版社,2003,4.

［18］凉山彝族自治州民族研究所.彝族树木文化［J］.《凉山民族研究》,2000.

［19］胡晓琳,邹勇.解读凉山彝族传统民居——瓦板房的文化内蕴［J］.装饰,2008,8.

［20］郭东风.彝族建筑文化探源——兼论建筑原型及营构深层观念［M］.昆明:云南人民出版社,1986,3.

［21］章虹宇，章文源．彝族牛俗牛趣［J］.中国民族博览，2000，5.

［22］凉山州文化局．凉山彝族民间美术［M］.成都：四川民族出版社，1992，9.

［23］四川省昭觉县志编纂委员会．昭觉县志［Z］.成都：四川辞书出版社，1999.

［24］曲木尔足．浅析彝族漆器艺术［J］.西昌师范高等专科学校学报，2003，3.

［25］孙法鑫．彝族服饰艺术［J］.装饰，1999，2.

［26］方赫译．我的幺表妹［M］.成都：四川民族出版社，1983.

［27］四川凉山州编译局编．妈妈的女儿［M］.重庆：重庆出版社，1984.

［28］曲比阿果．彝族的三色文化［J］.西南民族学院学报（哲学社会科学版），1999，3.

［29］凉山奴隶社会博物馆编著．千年凉山——散落在羊皮卷中的文明［M］.成都：四川文艺出版社，2004.

［30］林耀华．凉山夷家［M］.昆明：云南人民出版社，2003.

［31］巴莫姊妹彝学研究小组．彝族风俗志［M］.北京：中央民族学院出版，1992，9.

［32］张凤荣编．土壤地理［M］.昆明：北京：中国农业出版社，2002.

［33］马学良等．彝族文化史［M］.上海：上海人民出版社，1989.

［34］四川省美姑县志编撰委员会．美姑县志［Z］.成都：四川人民出版社，1997，6.

［35］巴且日火．论凉山彝族民俗事项中的色彩局域［J］.凉山民族研究，2002.

［36］巴莫阿依、黄建明．国外学者——彝学研究文集［C］.昆明：云南教育出版社，2000.8.

［37］凉山彝族自治州民族研究所．彝族竹文化［J］.凉山民族研究，1999.

［38］严薇．五色凉山［D］.北京：中央美术学院，2005.

［39］巴且日火．凉山毕摩及毕摩文化研究［J］.凉山大学学报，2000（4）：29-33.

［40］韦安多．凉山彝族文化艺术研究［M］.成都：四川民族出版社，2004.

［41］凉山彝族自治州民族研究所．彝族树木文化［J］.凉山民族研究，2000.

［42］凉山州地方志编纂委员会．雷波县志［Z］.成都：四川民族出版社，1997，5.

［43］何咏梅，崔凯．凉山民族文化艺术中心暨火把广场［J］.建筑学报，2008，7.

［44］杨威，曾坚．高技乡土——高技建筑的地域化倾向［J］.哈尔滨工业大学学报，2005，2.

［45］单军．记忆与忘却之间——奇芭欧文化中心前的随想［J］.世界建筑，2000，9.

［46］叶晓健．高技术与传统文化的结合——法国建筑师让·努维尔谈建筑创作［J］.建筑创作，2000，9.

作者简介

成斌，生于1971年9月，四川蓬安县人，西安建筑科技大学建筑设计及其理论专业博士研究生，教授，硕士生导师，国家注册工程师。现任绵阳市规划委员会委员，绵阳市规划协会副秘书长，《绵阳城市规划》杂志执行主编。

多年来从事建筑设计及其理论、城市规划设计与理论的教学与科学研究工作，发表专业论文30余篇，出版专著2部，完成省部级项目2项、市（校）级项目12项。先后主持和参加50余项规划与建筑设计项目。研究领域：地域建筑与乡土建筑，小城镇规划与设计。

附　图

附图 1　彝族聚落与村庄（1）

附图 2　彝族聚落与村庄（2）

附图3 彝族聚落与村庄（3）

附图4 彝族聚落与村庄（4）

附图5 彝族聚落与村庄（5）

附图6 民居单体——青瓦房（1）

附图7 民居单体——青瓦房（2）

附图8 民居单体——夯土闪片房（1）

附图 9 民居单体——夯土闪片房（2）

附图 10 民居单体——夯土闪片房（3）

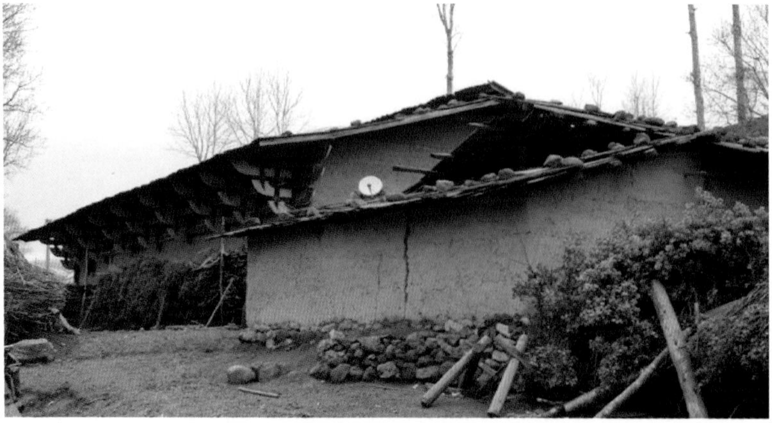

附图 11　民居单体——搧架闪片房（1）

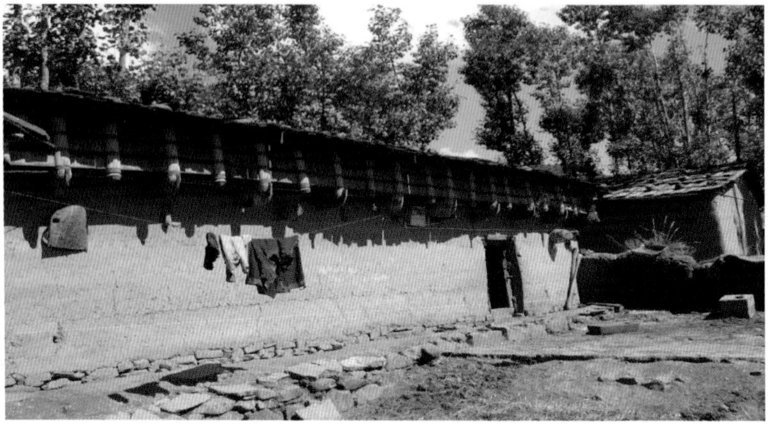

附图 12　民居单体——搧架闪片房（2）

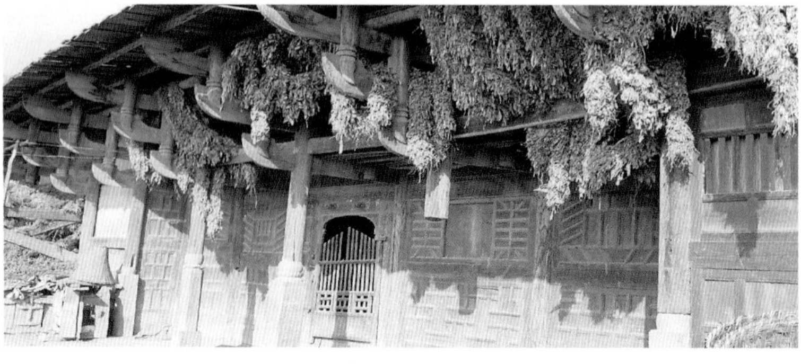

附图 13　民居单体——搧架瓦板房（1）

附图 14　民居单体——搁架瓦板房（2）　　附图 15　民居单体——搁架瓦板房（3）

附图 16　民居单体——搁架瓦板房
内景（1）

附图 17　民居单体——搁架瓦板房
内景（2）

附图18　民居单体——碉房（1）

附图19　民居单体——碉房（2）

附图20　民居单体——碉房（3）

附图21　民居单体——方形土碉（1）

附图22　民居单体——方形土碉（2）

附图23　民居单体——圆形土碉（3）

图 24　民居单体——木楞房（1）

附图 25　民居单体——木楞房（2）

附图 26　民居单体——木楞房（3）

附图 27　民居单体——木楞房（4）

附图 28　民居单体——木楞房（5）

附图29　民居单体——院落（1）　　　　附图30　民居单体——院落（2）

附图31　装饰与彩绘——房屋门廊（1）

附图32　装饰与彩绘——房屋门廊（2）

附图 33　装饰与彩绘——柱础（1）

附图 34　装饰与彩绘——柱础（2）

附图 35　装饰与彩绘——柱础（3）

附图 36　装饰与彩绘——柱础（4）

附图37　装饰与彩绘——锅庄石（1）

附图38　装饰与彩绘——锅庄石（2）

附图39　装饰与彩绘——锅庄石（3）

附图40　装饰与彩绘——锅庄石（4）

附图 41　装饰与彩绘——檐口彩绘（1）

附图 42　装饰与彩绘——檐口彩绘（2）

附图 43　装饰与彩绘——檐口彩绘（3）

附图 44　装饰与彩绘——檐口彩绘（4）

附图 45　装饰与彩绘——拱架（1）　　附图 46　装饰与彩绘——拱架（2）

附图 47　装饰与彩绘——角拱架　　附图 48　装饰与彩绘——转角拱架

附图 49　装饰与彩绘——吊挂　　附图 50　装饰与彩绘——檐口彩绘

附图51 装饰与彩绘——室内装饰与陈设

附图52 装饰与彩绘——外窗（1）　　附图53 装饰与彩绘——外窗（2）

附图54 装饰与彩绘——外门（1）　　附图55 装饰与彩绘——外门（2）

附图 56　装饰与彩绘——外门（3）

附图 57　装饰与彩绘——内隔墙花窗（1）

附图 58　装饰与彩绘——内隔墙花窗（2）

附图 59　装饰与彩绘——内隔彩绘墙（3）

附图 60　装饰与彩绘——外墙（1）　　　附图 61　装饰与彩绘——外墙（2）

附图62　装饰与彩绘——家具箱柜（1）

附图63　装饰与彩绘——家具箱柜（2）

附图64　装饰与彩绘——厨柜　　　　　附图65　装饰与彩绘——用具